Österreichische Akademie der Wissenschaften
Mathematisch-naturwissenschaftliche Klasse

Anzeiger

Abteilung II

Mathematische, Physikalische und Technische Wissenschaften

143. Band
Jahrgang 2009

Wien 2011

Verlag der Österreichischen Akademie der Wissenschaften

Inhalt

Anzeiger Abt. II

Anzeiger Abt. II (2009) 143: 3–10

Anzeiger

Mathematisch-naturwissenschaftliche Klasse Abt. II
Mathematische, Physikalische und Technische Wissenschaften

On the Number of Vertices of the Convex Hull of Random Points in a Square and a Triangle

By

Christian Buchta

(Vorgelegt in der Sitzung der math.-nat. Klasse am 12. März 2009 durch das w. M. August Florian)

Abstract

Assume that n points are chosen independently and according to the uniform distribution from a convex polygon C. Consider the convex hull of the randomly chosen points. The probabilities $p_k^{(n)}(C)$ that the convex hull has exactly k vertices are stated for all k in the cases that C is a square (equivalently a parallelogram) or a triangle.

Mathematics Subject Classification (2000): 52A22, 60D05.
Key words: Convex hull, random points, random polygons.

1. Introduction

The distribution of the number of vertices of the convex hull of n points chosen independently and uniformly from a convex set is one of the oldest fields of research in geometrical probability, dating back to the sixties of the nineteenth century. In spite of the interest this topic has attracted throughout the years and in spite of the huge number of papers published on this and closely related topics, very little progress has been achieved in answering the original question where n is a fixed number and C a "simple" plane convex set like a square or a triangle. Even in these cases the probability $p_k^{(n)}(C)$ that the convex hull has exactly k vertices is only known either if n is very small, namely if $n \leq 6$, or if k attains its minimal or maximal value, namely if $k = 3$ or $k = n$, respectively; see [5] for references. For more information about the convex hull of random points see in particular the books by MATHAI [9] and SCHNEIDER and WEIL [12], as well as the surveys by AFFENTRANGER [1], BUCHTA [3], GRUBER [8], SCHNEIDER [10], [11], and WEIL and WIEACKER [13]. Many references are also contained in [2], [4], [6], and [7].

It was pointed out in [5] that the question of determining the distribution of the number of vertices of the convex hull of random points chosen from a convex polygon C leads to the investigation of certain convex chains. More precisely, the probability $p_k^{(n)}(C)$ that the convex hull of n points has exactly k vertices can be expressed in terms of the probabilities $q_j^{(r)}$ $(1 \leq j \leq k - 2,\ 1 \leq r \leq n - 2)$ defined as follows:

Assume that r points $P_1, \ldots, P_r$ are distributed independently and uniformly in the triangle with vertices $(0,1)$, $(0,0)$, and $(1,0)$. Consider the convex hull of $(0,1)$, $P_1, \ldots, P_r$, and $(1,0)$. The vertices of the convex hull form a convex chain. The probability that the convex chain consists – apart from the points $(0,1)$ and $(1,0)$ – of exactly j of the points $P_1, \ldots, P_r$ is the required probability $q_j^{(r)}$.

The main result of [5] is the explicit formula

$$q_j^{(r)} = 2^j \sum \frac{i_1 \cdots i_j}{i_1(i_1+1)(i_1+i_2)(i_1+i_2+1) \cdots (i_1+\cdots+i_j)(i_1+\cdots+i_j+1)},$$

where the sum is taken over all $i_1, \ldots, i_j \in \mathbb{N}$ such that $i_1 + \cdots + i_j = r$.

In the present note we state the arising formulae for $p_k^{(n)}(C)$ in the cases that C is a square or a triangle. The proofs will be published in a future paper.

2. Formulae for the Square

Consider n distinct points in a square S. For each edge the point with minimal distance to this edge is unique with probability one if the n points are chosen independently and according to the uniform distribution. Assign to each edge the point with minimal distance. Mark the assigned points. Depending on whether

(a) each marked point is assigned to exactly one edge (such that the number of marked points is 4) or

(b) one marked point is assigned to two adjacent edges, whereas each of the further marked points is assigned to exactly one of the remaining edges (such that the number of marked points is 3) or

(c) each marked point is assigned to two adjacent edges (such that the number of marked points is 2)

we say that the convex hull of the n points is of type (a), (b), or (c), respectively.

The probabilities $p_a^{(n)}$, $p_b^{(n)}$, and $p_c^{(n)}$ that the convex hull is of type (a), (b), or (c), respectively, turn out to be

$$p_a^{(n)} = \frac{(n-2)(n-3)}{n(n-1)}, \quad p_b^{(n)} = \frac{4(n-2)}{n(n-1)}, \quad \text{and} \quad p_c^{(n)} = \frac{2}{n(n-1)}.$$

The vertices of the convex hull of the n points are composed of the marked points and possibly of further points which are situated – in an obvious sense – "between" the marked points. The convex hull has k vertices if the marked points – let us write m for their number – and the further vertices between the marked points – let us write $k_1, \ldots, k_m$ for their respective numbers in counter-clockwise order – add up to k.

In order to derive the probabilities $p_{k|a}^{(n)}$, $p_{k|b}^{(n)}$, and $p_{k|c}^{(n)}$ that the convex hull of the n random points, on condition that it is of type (a), (b), or (c), respectively, has exactly k vertices, we first determine the probabilities $p_{k_1,\ldots,k_m}^{(n)}$ that the convex hull has $k_1, \ldots, k_m$ vertices between the marked points, where $m = 4$, 3, or 2 depending on the type of the convex hull.

Whereas in the cases (a) and (c) it does not matter for symmetry reasons which marked point is assumed to be the first one, it does matter in case (b), and we denote the number of vertices between the two marked points which are assigned to only one edge by k_1.

The values of $p_{k_1,k_2,k_3,k_4}^{(n)}$ in case (a), of $p_{k_1,k_2,k_3}^{(n)}$ in case (b), and of $p_{k_1,k_2}^{(n)}$ in case (c) are obtained via polynomials associated with these probabilities: in case (a)

$$P_{k_1,k_2,k_3,k_4}^{(n)}(x_1,x_2,x_3,x_4)$$
$$= \frac{(n-4)!}{2^{n-4}} \sum_{\substack{r_0+r_1+\cdots+r_4=n-4 \\ r_0 \geq 0 \\ r_1 \geq k_1, \ldots, r_4 \geq k_4}} \frac{1}{r_0!} A_0^{r_0} \prod_{i=1}^{4} \frac{1}{r_i!} q_{k_i}^{(r_i)} A_i^{r_i},$$

where

$$
\begin{aligned}
A_0 &= 2 - x_1 - x_2 - x_3 - x_4 + x_1 x_2 + x_2 x_3 + x_3 x_4 + x_4 x_1, \\
A_1 &= x_1(1 - x_2), \\
A_2 &= x_2(1 - x_3), \\
A_3 &= x_3(1 - x_4), \\
A_4 &= x_4(1 - x_1),
\end{aligned}
$$

in case (b)

$$
\begin{aligned}
& P_{k_1,k_2,k_3}^{(n)}(x_1, x_2) \\
& = \frac{(n-3)!}{2^{n-3}} \sum_{\substack{r_0+r_1+r_2+r_3=n-3 \\ r_0 \geq 0 \\ r_1 \geq k_1, r_2 \geq k_2, r_3 \geq k_3}} \frac{1}{r_0!} B_0^{r_0} \prod_{i=1}^{3} \frac{1}{r_i!} q_{k_i}^{(r_i)} B_i^{r_i},
\end{aligned}
$$

where

$$
\begin{aligned}
B_0 &= x_1 + x_2 - x_1 x_2, \\
B_1 &= x_1 x_2, \\
B_2 &= 1 - x_1, \\
B_3 &= 1 - x_2,
\end{aligned}
$$

and in case (c)

$$
P_{k_1,k_2}^{(n)} = \frac{(n-2)!}{2^{n-2}} \sum_{\substack{r_1+r_2=n-2 \\ r_1 \geq k_1, r_2 \geq k_2}} \prod_{i=1}^{2} \frac{1}{r_i!} q_{k_i}^{(r_i)}.
$$

The integration of these polynomials from 0 to 1 with respect to each variable yields the required probabilities: in case (a)

$$
p_{k_1,k_2,k_3,k_4}^{(n)} = \int_0^1 \int_0^1 \int_0^1 \int_0^1 P_{k_1,k_2,k_3,k_4}^{(n)}(x_1, x_2, x_3, x_4) dx_1 dx_2 dx_3 dx_4,
$$

in case (b)

$$
p_{k_1,k_2,k_3}^{(n)} = \int_0^1 \int_0^1 P_{k_1,k_2,k_3}^{(n)}(x_1, x_2) dx_1 dx_2,
$$

and in case (c)

$$p_{k_1,k_2}^{(n)} = P_{k_1,k_2}^{(n)}.$$

As an obvious consequence we obtain in case (a)

$$p_{k|a}^{(n)} = \sum_{\substack{k_1 + \cdots + k_4 = k-4 \\ k_1 \geq 0, \ldots, k_4 \geq 0}} p_{k_1,k_2,k_3,k_4}^{(n)},$$

in case (b)

$$p_{k|b}^{(n)} = \sum_{\substack{k_1 + k_2 + k_3 = k-3 \\ k_1 \geq 0, k_2 \geq 0, k_3 \geq 0}} p_{k_1,k_2,k_3}^{(n)},$$

in case (c)

$$p_{k|c}^{(n)} = \sum_{\substack{k_1 + k_2 = k-2 \\ k_1 \geq 0, k_2 \geq 0}} p_{k_1,k_2}^{(n)},$$

and finally

$$p_k^{(n)}(S) = p_a^{(n)} p_{k|a}^{(n)} + p_b^{(n)} p_{k|b}^{(n)} + p_c^{(n)} p_{k|c}^{(n)}.$$

The resulting values of $p_k^{(n)}(S)$ are new for $n \geq 7$ and $4 \leq k \leq n-1$. Table 1 displays for $n = 7$ the products $p_a^{(7)} p_{k|a}^{(7)}$, $p_b^{(7)} p_{k|b}^{(7)}$, and $p_c^{(7)} p_{k|c}^{(7)}$, i.e. the probabilities that the convex hull is of a certain type and has exactly k vertices. The marginal probabilities in the last column are the probabilities that the convex hull is of type (a), (b), and (c), respectively, and the marginal probabilities in the last row are the required probabilities $p_k^{(7)}(S)$.

Table 1. Probabilities that the convex hull is of a certain type and has exactly k vertices in the case that C is a square and $n=7$

k	3	4	5	6	7	Σ
a	0	$\frac{65}{1008}$	$\frac{155}{672}$	$\frac{475}{3024}$	$\frac{145}{6048}$	$\frac{10}{21}$
b	$\frac{137}{10080}$	$\frac{1811}{12600}$	$\frac{1046}{4725}$	$\frac{223}{2520}$	$\frac{1361}{151200}$	$\frac{10}{21}$
c	$\frac{1}{1008}$	$\frac{437}{25200}$	$\frac{1621}{75600}$	$\frac{109}{15120}$	$\frac{1}{1575}$	$\frac{1}{21}$
Σ	$\frac{7}{480}$	$\frac{203}{900}$	$\frac{3409}{7200}$	$\frac{91}{360}$	$\frac{121}{3600}$	1

3. Formulae for the Triangle

Consider n distinct points in a triangle T. If – analogously to the square – to each edge of the triangle the point with minimal distance is assigned and marked, either

(d) each marked point is assigned to exactly one edge (such that the number of marked points is 3) or

(e) one marked point is assigned to two adjacent edges and a further marked point is assigned to the remaining edge (such that the number of marked points is 2),

and we say that the convex hull is of type (d) or (e), respectively.

For the probabilities $p_d^{(n)}$ and $p_e^{(n)}$ that the convex hull is of type (d) or (e), respectively, we find that

$$p_d^{(n)} = \frac{2(n-2)}{2n-1} \quad \text{and} \quad p_e^{(n)} = \frac{3}{2n-1}.$$

The probabilities $p_{k|d}^{(n)}$ and $p_{k|e}^{(n)}$ are defined analogously to the square. The values of $p_{k_1,k_2,k_3}^{(n)}$ in case (d) and of $p_{k_1,k_2}^{(n)}$ in case (e) are again obtained via polynomials associated with these probabilities: in case (d)

$$P_{k_1,k_2,k_3}^{(n)}(x_1, x_2, x_3)$$

$$= (n-3)! \sum_{\substack{r_0+r_1+r_2+r_3=n-3 \\ r_0 \geq 0 \\ r_1 \geq k_1, r_2 \geq k_2, r_3 \geq k_3}} \frac{1}{r_0!} D_0^{r_0} \prod_{i=1}^{3} \frac{1}{r_i!} q_{k_i}^{(r_i)} D_i^{r_i},$$

where

$$\begin{aligned}
D_0 &= 1 - x_1 - x_2 - x_3 + x_1 x_2 + x_2 x_3 + x_3 x_1, \\
D_1 &= x_1(1 - x_2), \\
D_2 &= x_2(1 - x_3), \\
D_3 &= x_3(1 - x_1),
\end{aligned}$$

and in case (e)

$$P_{k_1,k_2}^{(n)}(x_1) = (n-2)! \sum_{\substack{r_1+r_2=n-2 \\ r_1 \geq k_1, r_2 \geq k_2}} \prod_{i=1}^{2} \frac{1}{r_i!} q_{k_i}^{(r_i)} E_i^{r_i},$$

Table 2. Probabilities that the convex hull is of a certain type and has exactly k vertices in the case that C is a triangle and $n = 7$

k	3	4	5	6	7	$\sum$
d	$\frac{31}{2340}$	$\frac{181}{975}$	$\frac{12761}{35100}$	$\frac{322}{1755}$	$\frac{409}{17550}$	$\frac{10}{13}$
e	$\frac{1}{39}$	$\frac{92}{975}$	$\frac{497}{5850}$	$\frac{14}{585}$	$\frac{11}{5850}$	$\frac{3}{13}$
$\sum$	$\frac{7}{180}$	$\frac{7}{25}$	$\frac{1211}{2700}$	$\frac{28}{135}$	$\frac{17}{675}$	1

where

$$E_1 = x_1,$$
$$E_2 = 1 - x_1.$$

The integration of these polynomials from 0 to 1 with respect to each variable yields the required probabilities. Everything else is analogous to the square.

As above the resulting values of $p_k^{(n)}(T)$ are new for $n \geq 7$ and $4 \leq k \leq n-1$. Table 2 displays for $n = 7$ the products $p_d^{(7)} p_{k|d}^{(7)}$ and $p_e^{(7)} p_{k|e}^{(7)}$, i.e. the probabilities that the convex hull is of a certain type and has exactly k vertices. The marginal probabilities in the last column are the probabilities that the convex hull is of type (d) and (e), respectively, and the marginal probabilities in the last row are the required probabilities $p_k^{(7)}(T)$.

Acknowledgement

The author would like to thank Dr. MARIA ALICE BERTOLIM for carefully checking the values displayed in Tables 1 and 2.

References

[1] AFFENTRANGER, F. (1992) Aproximación aleatoria de cuerpos convexos. Publ. Mat. Barc. **36**: 85–109

[2] BÁRÁNY, I., BUCHTA, C. (1993) Random polytopes in a convex polytope, independence of shape, and concentration of vertices. Math. Ann. **297**: 467–497

[3] BUCHTA, C. (1985) Zufällige Polyeder – Eine Übersicht. In: HLAWKA, E. (ed.) Zahlentheoretische Analysis, pp. 1–13. Lecture Notes in Mathematics, Vol. 1114, Springer, Berlin

[4] BUCHTA, C. (2005) An identity relating moments of functionals of convex hulls. Discrete Comput. Geom. **33**: 125–142

[5] BUCHTA, C. (2006) The exact distribution of the number of vertices of a random convex chain. Mathematika **53**: 247–254

[6] BUCHTA, C., REITZNER, M. (1997) Equiaffine inner parallel curves of a plane convex body and the convex hulls of randomly chosen points. Probab. Theory Relat. Fields **108**: 385–415

[7] BUCHTA, C., REITZNER, M. (2001) The convex hull of random points in a tetrahedron: Solution of Blaschke's problem and more general results. J. Reine Angew. Math. **536**: 1–29

[8] GRUBER, P. M. (1997) Comparisons of best and random approximation of convex bodies by polytopes. Rend. Circ. Mat. Palermo (2) Suppl. **50**: 189–216

[9] MATHAI, A. M. (1999) An Introduction to Geometrical Probability. Distributional Aspects with Applications. Gordon and Breach, Amsterdam

[10] SCHNEIDER, R., (1988) Random approximation of convex sets. J. Microscopy **151**: 211–227

[11] SCHNEIDER, R., (2004) Discrete aspects of stochastic geometry. In: GOODMAN, J. E., O'ROURKE, J. (eds.) Handbook of Discrete and Computational Geometry, 2nd edn., pp. 255–278. Chapman and Hall/CRC, Boca Raton, Florida

[12] SCHNEIDER, R., WEIL, W. (2008) Stochastic and Integral Geometry. Springer, Berlin

[13] WEIL, W., WIEACKER, J. A. (1993) Stochastic geometry. In: GRUBER, P. M., WILLS, J. M. (eds.) Handbook of Convex Geometry, Vol. B, pp. 1391–1438. North-Holland/Elsevier, Amsterdam

Author's address: Prof. Dr. Christian Buchta, Fachbereich Mathematik, Universität Salzburg, Hellbrunner Straße 34, A-5020 Salzburg, Austria. E-Mail: christian.buchta@sbg.ac.at.

Österreichische Akademie der Wissenschaften
Mathematisch-naturwissenschaftliche Klasse

Sitzungsberichte

Abteilung II

Mathematische, Physikalische und Technische Wissenschaften

218. Band
Jahrgang 2009

Wien 2011
Verlag der Österreichischen Akademie der Wissenschaften

Inhalt

Sitzungsberichte Abt. II

Sitzungsber. Abt. II (2009) 218: 3–47

Sitzungsberichte

Mathematisch-naturwissenschaftliche Klasse Abt. II
Mathematische, Physikalische und Technische Wissenschaften

Das astronomische Begriffssystem in Leopold Gottlieb Biwalds *Physica Generalis*

von

Cornelia Faustmann

(Vorgelegt in der Sitzung der math.-nat. Klasse am 15. Oktober 2009 durch
das w. M. Walter Thirring)

Zusammenfassung

Leopold Gottlieb Biwalds Physikwerk war zu seiner Zeit ein bedeutsames Lehrbuch, dies zeigt sich insbesondere in der europaweiten Verbreitung und in der jahrzehntelangen Verwendung dieses Kompendiums an den Lyzeen und Universitäten der Habsburgermonarchie auf die Bestimmung durch ein kaiserliches Dekret hin. Zudem zeichnet sich dieses Werk durch einen besonderen Grad an übersichtlicher Systematisierung und verständlicher Präsentation der Informationen aus. In der vorliegenden Arbeit werden die Systematik, Exaktheit und Klarheit von Biwalds Kompendium anhand des astronomischen Begriffssystems analysiert. Zunächst wird untersucht, an welchen Stellen der *Physica Generalis* bestimmte Fachtermini eingeführt bzw. erklärt werden, nach welchen Gesichtspunkten der Autor dabei verfährt und auf welche Quellen er zurückgreift. Ferner werden die für einige Bezeichnungen angeführten Synonyma klassifiziert und – wiederum im Vergleich mit den Vorlagen – analysiert, bevor eine Gegenüberstellung zwischen den bei Biwald verwendeten astronomischen Begriffen und den aktuell gebräuchlichen Ausdrücken vorgenommen wird.

Schlüsselwörter: Biwald, Physica Generalis, Faustmann, astronomisches Begriffssystem, Fachterminologie, Fachliteratur, Neulateinische Fachliteratur, Neulateinische Philologie, Neulatein, Geschichte der Astronomie, Astronomie, Wissenschaftsgeschichte.

1. Einleitung

Unter den physikalischen Lehrwerken des 18. Jahrhunderts nimmt das zweibändige Kompendium[1] *Physica Generalis*[2] und *Physica Particularis*[3] des Grazer Jesuiten und Professors Leopold Gottlieb Biwald (1731–1805)[4] eine gewisse Sonderstellung ein. Die zeitgenössische

---

[1] Als Ausgangstext für diesen Artikel wurde die zweite, wirkungsstärkere Auflage der *Physica Generalis* verwendet (cf. Anm. 2).

[2] Leopold G. BIWALD, Physica Generalis, qvam avditorum philosophiae vsibus accomodavit Leopoldvs Biwald e Societate Iesv, Physicae in Vniversitate Graecensi Professor Pvblicvs, et Ordinarivs. Editio secunda, ab avthore recognita. Cvm Speciali Privilegio S. C. R. Maiestatis. Graecii, Svmptibus Iosephi Mavritii Lechner, Bibliopolae Academici. Typis Haeredum Widmanstadii, 1769.

[3] Leopold G. BIWALD, Physica Particvlaris, qvam avditorvm philosophiae vsibus accomodavit Leopoldvs Biwald e Societate Iesv, Physicae in Vniversitate Graecensi Professor Pvblicus, et Ordinarivs. Editio secvnda, ab avthore recognita. Cvm Speciali Privilegio S. C. R. Maiestatis. Graecii, Svmptibus Iosephi Mavritii Lechner, Bibliopolae Academici. 1769.

[4] Biographische Informationen sind insbesondere M. Kunitschs Biwald-Biographie zu entnehmen (Michael KUNITSCH, Biographie des Herrn Leopold Gottlieb Biwald, der Weltweisheit und Gottesgelehrtheit Doctor, ehemaliges Mitglied des aufgelösten Jesuitenordens, ordentl. und öffentlicher Professor der Physik, Senior und Director der philosophischen Facultät, und gewesener Rector Magnificus an dem k. k. Lycäum zu Grätz. Von Michael Kunitsch, jubilirten Lehrer der k. k. Hauptnormalschule zu Grätz. Grätz 1808, gedruckt bey den Gebrüdern Tanzer). Dort nicht erwähnt ist Biwalds Tätigkeit als Leiter der Grazer Jesuitensternwarte (cf. Johann STEINMAYR, Die alte Jesuiten-Sternwarte in Graz. Vortrag im Verein „Freunde der Himmelskunde" am 8. April 1935, 12 [unveröffentlichtes Manuskript]). Was Biwalds Publikations- und Herausgebertätigkeit betrifft, so sind außer der *Physica Generalis* und *Particularis* vor allem seine *Dissertatio, De Stvdii Physici Natvra, Eivs Perficiendi Mediis, Et Cvm Scientiis Reliqvis Nexv* (Leopold G. BIWALD, Dissertatio, De Stvdii Physici Natvra, Eivs Perficiendi Mediis, Et Cvm Scientiis Reliqvis Nexv. Qvam Physicae svae Generali praemittit Leopoldvs Biwald e Societate Iesv Physicae in Vniversitate Graecensi Professor Pvblicvs, et Ordinarivs. Graecii, Svmtibvs Iosephi Mavritii Lechner, Bibliopolae Academici. Typis Haeredvm Widmanstadii. 1767), die Publikation eines Vortrags über die Verwendung des Micrometers zur Bestimmung der Planetendurchmesser (Leopold G. BIWALD, De Objectivi Micrometri Vsv In Planetarum Diametris Metiendis. Exercitatio optico-astronomica habita in Coll. PP. S. J. Romae, 1765. Graecii 1768), die Herausgabe von drei Bänden *Dissertationes* des Carl von Linné (Carl von LINNÉ, Selectae Ex Amoenitatibvs Academicis Caroli Linnaei, Dissertationes Ad Vniversam Natvralem Historiam Pertinentes, quas edidit, et additamentis avxit L. B. e S. I. Graecii. Typis Haeredvm Widmanstadii. 1764 bzw. 1766 bzw. 1769), die er mit Zusätzen versah, und die *Assertiones Ex Vniversa Philosophia* (Leopold G. BIWALD et al., Assertiones Ex Vniversa Philosophia qvas avthoritate et consensv

Bedeutung dieses Werks zeigt sich vor allem darin, dass es rasch hintereinander mehrere Auflagen erfuhr,[5] europaweit verbreitet war[6] und eine gekürzte Ausgabe von J. T. Trattner per kaiserlichem Dekret[7] zur Verwendung an sämtlichen Lyzeen und Universitäten der Habsburgermonarchie vorgesehen wurde. Außerdem wurden bereits Anfang

---

Plurim. Rev. Eximii Clariss. ac Magnif. D. Vniv. Rectoris, Perill. ac Doctiss. D. Caes. Reg. Inclyt. Fac. Phil. Praesidis & Directoris, Praen. Cosultiss. Clariss. ac spectab. Dom. Decani, caeterorumque Dom. Doctor. eiusd. inclyt. Fac. Phil. in alma ac celeberr. Vniv. Graec. anno 1771. Mense Aug. die publice propugnandas suscepit, Praenob. ac Perdoctvs Dominvs Ioannes Nep. Pollini, Carniol. Labac. ex Arch. S. I. Conv. Nob. Colleg. Ex praelectionibvs Adm. Rev. & Cl. P. Leopoldi Biwald, e S. I. AA. LL. & Phil. Doct. eiusd. Prof. publ. & ord. Adm. Rev. & Cl. P. Antonii Pöller, e S. I. AA. LL. & Phil. Doct. eiusd. Prof. publ. & ord. A. R. & Cl. P. Leopoldi Wisenfeld, e S. I. AA. LL. & Phil. Doct. ac Phil. Moral. Prof publ. & ord. Adm. Rev. & Cl. P. Caroli Tavpe, e S. I. AA. LL. & Phil. Doct. ac Math. Prof. publ & ordin.) zu nennen (cf. Carlos SOMMERVOGEL, Biwald, in: Bibliothèque de la Compagnie de Jésus. Nouvelle Édition. Bibliographie. Tome I (1890), 1528–1530). Außerdem wird Biwald als Herausgeber von R. J. Boscovichs *Theoria Philosophiae Naturalis* (Roger J. BOSCOVICH, Theoria Philosophiae naturalis, redacta ad unam legem virium in natura existentium auctore J. R. Boscovich S. J. ab ipso perpolita et aucta. Ex prima Editione Veneta cum Catalogo Operum ejus ad annum 1765, Graecii 1765 [nicht verifizierbar, Zitat nach Sommervogel, Bibliothèque 1, 1528]) und von I. Newtons *Optices Libri Tres* (Isaac NEWTON, Isaaci Newtoni Optices Libri Tres: accedunt ejusdem Lectiones Opticae, et opuscula omnia ad lucem et colores pertinentia, sumta ex Transactionibus Philosophicis. Graecii, Typis Haeredum Widmanstadii, Graecii 1765) genannt (cf. Sommervogel, Bibliothèque 1, 1528). Insbesondere in seiner Lehrtätigkeit an der Universität Graz zeichnete sich Biwald aus, für diese Verdienste wurde ihm von Kaiser Franz I. im Jahr 1805 eine Ehrenkette mit einer Goldmedaille verliehen (cf. ANONYMUS, Ausgezeichnete Belohnung des Leopold Biwald, Professors der Physik am k. k. Lycäum zu Grätz. Den 9ten des Brachmonaths 1805. Grätz, bey Alois Tusch Buchhändler. | Kunitsch, Biographie, 23. | Sommervogel, Bibliothèque 1, 1528.). Mit dieser Kette zeigt Biwald auch eine von J. M. Fischer im Jahr 1808 angefertigte Büste, die in der Universitätsbibliothek Graz aufgestellt wurde (cf. Kunitsch, Biographie, 35 bzw. Constant von WURZBACH, Biwald, in: Biographisches Lexikon des Kaiserthums Österreich, enthaltend die Lebensskizzen der denkwürdigen Personen, welche 1750 bis 1850 im Kaiserstaate und in seinen Kronländern gelebt haben. Von Dr. Constant v. Wurzbach. Erster Theil (1856), 416) und sich auch heute noch dort befindet.

[5] Die erste Edition erschien im Jahr 1767 bzw. 1768, die zweite 1769, weitere Auflagen folgten in den Jahren 1774, 1776, 1779–1780 und 1786. (Es finden sich auch Ausgaben mit dem Titel *Institutiones Physicae*.)

[6] Kunitsch, Biographie, 14f.

[7] Kons. Akt. Fasz. I/2, Reg. Nr. 205, Verwendung des Physiklehrbuchs des P. Biwald, 1779 [heute: Archiv der Universität Wien CA 1.2.206].

des 19. Jahrhunderts[8] insbesondere[9] Systematik, Genauigkeit und Verständlichkeit an Biwalds Kompendium geschätzt.[10] Die *Physica Generalis* und *Particularis* weisen insofern einen gut strukturierten und übersichtlichen Aufbau auf, als die Informationen in drei Hierarchien von Gliederungsebenen präsentiert werden. So umfasst die *Physica Generalis* drei *partes*, der Gegenstand der ersten sind Körper im Allgemeinen sowie die Mechanik, in der zweiten werden der Urstoff der Körper sowie deren allgemeine Eigenschaften behandelt und die dritte ist der Astronomie gewidmet.[11] Unter diesen Teilen

[8] So bei Kunitsch, Biographie, 14f: „ein Geisteswerk, in dem competente Richter eine zweckmäßige und lichtvolle Anordnung und Verbindung der Theile, Gründlichkeit, Vollständigkeit und einen klaren reinen Styl einstimmig schätzten und anpriesen." (Ebenso Wurzbach, Biographisches Lexikon 1, 415.)

[9] Als weitere Qualität, im Besonderen von Biwalds Vorträgen, hebt M. Kunitsch das Einbeziehen von „Erzählungen, Anekdoten und Beispiele[n]" (Kunitsch, Biographie, 25) hervor. Die Sinnhaftigkeit des Anführens derartiger auflockernder Elemente, das Biwald nicht nur bei Vorträgen, sondern auch in seinem Physikwerk praktiziert, ist mit seinem Bewusstsein für die Unabdingbarkeit von Pausen während des Lesens, Zuhörens und Schreibens zu begründen (cf. Sonja SCHREINER – in cooperation with Max LIPPITSCH & Franz RÖMER, Latin Physics – Made in Styria: Literary Ambition and Scientific Development in Gottlieb Leopold Biwald's Physica Generalis and Physica Particularis, in: Proceedings of the First European History of Physics (EHoP) Conference of the History of Physics Section of the Austrian Physical Society (OEPG) in conjunction with the History of Physics Group of the European Physical Society (EPS) and the History of Physics Group of the Institute of Physics (IOP) – 1st EHoP Conference, Graz/Austria, September 18–21, 2006 (2008), ed. Peter M. Schuster and Denis Weaire, 219 n. 33). – Zur Physik-Ausbildung im 18. Jahrhundert cf. Gunter LIND, Physik im Lehrbuch 1700–1850. Zur Geschichte der Physik und ihrer Didaktik in Deutschland, Berlin – Heidelberg 1992, 6–8; Für eine auf Graz, Biwalds Haupt-Tätigkeitsort, bezogene Darstellung cf. Klemens K. M. RUMPF, Von Naturbeobachtungen zur Nanophysik. Experimente, Wissenschaftler, Motivation und Instrumente physikalischer Forschung und Lehre aus vier Jahrhunderten an der Universität Graz (Publikationen aus dem Archiv der Universität Graz 40), Graz 2003, 11f.

[10] Neuere positive Bewertungen von Biwalds Werk werden bei Jutta VALENT, Die Grazer Universität zur Zeit Josephs II. und die Lyzeumsjahre, in: Bausteine zu einer Geschichte der Philosophie an der Universität Graz (Studien zur österreichischen Philosophie 33), hrsg. v. Thomas Binder et al., Amsterdam – New York 2001, 94 und Alois KERNBAUER, Bildung und Wissenschaft im Wandel, in: Steiermark. Wandel einer Landschaft im langen 18. Jahrhundert (Schriftenreihe der Österreichischen Gesellschaft zur Erforschung des 18. Jahrhunderts 12), hrsg. v. Harald Heppner und Nikolaus Reisinger, Wien – Köln – Weimar 2006, 381 gegeben.

[11] In der *Physica Particularis* werden speziellere Bereiche der Physik wie Hydrodynamik, Luft, Feuer, Licht bzw. Optik, Elektrizität, die Erde und *meteora* genauer behandelt.

werden in einzelnen *articuli*, die jeweils in *sectiones* eingeordnet sind, detailliertere Fragestellungen besprochen. So werden in der *sectio I*, welche die Körper im Allgemeinen zum Gegenstand hat, in den entsprechenden Kapiteln die Eigenschaften der Festigkeit, Durchdringbarkeit, Ausdehnung, Teilbarkeit und Beweglichkeit behandelt. Die *sectio II* ist mit der Erklärung der einfachen gleichförmigen Bewegung, der zusammengesetzten Bewegung, der gleichförmig beschleunigten geradlinigen Bewegung und der Bewegung auf schiefen Ebenen dem Themengebiet der geradlinigen Bewegung gewidmet. In der *sectio III* werden das Kräftegleichgewicht, Stöße zwischen Körpern und Bewegung mittels einfacher Maschinen besprochen. Die *sectio IV* umfasst den Bereich der Bewegung auf gekrümmten Linien, wobei die von verschiedenen Kräften herrührende krummlinige Bewegung und die Zentralkräfte auf Kreisbahn sowie Ellipse erklärt werden. Die *pars II* ist in zwei *sectiones*, nämlich jene über den Urstoff der Körper und jene über die allgemeinen Eigenschaften der Körper gegliedert. Im ersten Abschnitt bespricht der Autor verschiedene Meinungen zu den *principia corporum*, bringt seine Meinung dazu vor und geht auf die *vis motrix* sowie das Boscovich'sche Kräftegesetz ein. Der zweite Abschnitt umfasst Betrachtungen zur Undurchdringbarkeit, Ausdehnung und Teilbarkeit der Körper, zu Kohäsion, Elastizität, Festigkeit, Flüssigkeit, chemischen Eigenschaften der Körper, Beweglichkeit der Körper, Trägheitskraft und Gravitation. Auch der dritte Teil der *Physica Generalis* weist zwei *sectiones* auf, wobei die erste von den Weltkörpern sowie ihrer Anordnung und die zweite von der Himmelsmechanik handelt. In der ersten *sectio* wird auf die zu Biwalds Zeit bekannten Himmelskörper (also Fixsterne, „neue Sterne"[12] und „nebelige Sterne", die Erde, die Sonne, die Kometen, Satelliten, den Mond) inklusive der „Planetenbewohner", auf die sphärische Astronomie und auf Weltbilder eingegangen. Thema des zweiten Abschnitts sind bestimmte Erscheinungen in der Bewegung der Gestirne, die Bewegung des Mondes, die scheinbare Bewegung der Fixsterne, die Cartesianische Wirbelthorie und die Gezeiten.

Die Astronomie nimmt in der *Physica Generalis* nicht nur deswegen einen besonderen Stellenwert ein, weil ihr eine eigene,

---

[12] Bei den von Biwald als *stellae novae* bezeichneten Himmelskörpern handelt es sich um Supernovae.

umfangreiche *pars* in dem Werk gewidmet wird,[13] sondern auch aus
jenem Grund, weil astronomische Inhalte auch außerhalb des eigens
diesem Gebiet beigemessenen Abschnitts eine Rolle spielen.[14] In dem
für Biwalds Werk repräsentativen Textbereich der Astronomie gehen
die charakteristische Arbeitsweise des Autors, die Exaktheit und die
Klarheit der Darlegungen aus einer Analyse der Fachausdrücke bzw.
ihrer Erklärungen deutlich hervor – Biwalds Leistungen[15] bezüglich
der Gestaltung des astronomischen Begriffssystems in seinem
Physikkompendium bestehen vor allem in der Auswahl von Informationen aus dem ihm zur Verfügung stehenden umfangreichen
Quellenmaterial[16] und in einer klaren Schwerpunktsetzung bei der

---

[13] Was den Umfang der Teile der *Physica Generalis* betrifft, so ist die *pars II* mit 157
Seiten zwar ausführlicher als der 136 Seiten umfassende astronomische Abschnitt, aber
die Betrachtungen über die Gravitation von p. 286 bis p. 324 sind gewissermaßen als
Voraussetzungen für das Kapitel der Astronomie zu betrachten. Im Übrigen verweist
Biwald in der *pars III* auch des Öfteren auf bereits in der *pars II* näher erläuterte
Aspekte – so bezieht er sich beispielsweise p. 343 und p. 344 auf die schon (p. 301)
erläuterten Pendelexperimente von J. Richer oder weist p. 357 auf die bereits (pp.
316–318) gegen die Cartesianische Wirbeltheorie vorgebrachten Beweisgründe hin.
(Die *pars I* weist lediglich 79 Seiten auf.)

[14] Beispielsweise wird im Kapitel über Boscovichs *lex virium* (p. 208) Bezug auf die
sphärische Astronomie genommen, für den Zusammenhang bestimmter vor der *pars III*
angeführter Inhalte mit diesem Teil selbst cf. Anm. 13.

[15] Genauere Analysen zur Originalität der gesamten *Physica Generalis* und zu den
eigenständigen Leistungen des Autors liegen ab 2010 mit der Dissertation der
Verfasserin vor (Cornelia FAUSTMANN, Physik des 18. Jahrhunderts im Spiegel der
Quellen – komparatistische Studien und Quellenanalysen zu Leopold Gottlieb Biwalds
Physica Generalis, Diss. Wien 2010).

[16] Für die Aufgabenstellung dieser Arbeit sind außer bestimmten, in der *praefatio*
zitierten Werken vor allem zu Biwalds Zeit aktuelle Lehrbücher relevant, so werden
folgende Werke berücksichtigt: Florian DALHAM, Floriani Dalham Clerici Regularis
e Scholis Piis, Et in Academia Sabaudico-Lichtensteiniana Philosophiae Professoris
Institutiones Physicae In Usum Nobilissimorum suorum Auditorum adornatae, Quibus
ceu Subsidium praemittuntur Institutiones Physicae. Tomus III. In quo agitur de
Geographia Physica, de Rebus Coelestibus & Historia Naturali. Anno M. DCC. LV.
Viennae Austriae, Typis Joannis Thomae Trattner, Caes. Reg. Aulae Bibliopolae, &
Universitatis Typographi. | Jean-Baptiste DU HAMEL, Philosophia Vetus et Nova ad
usum scholae Accommodata, in Regia Burgundia Olim Pertractata, a Joh. Bapt. Du
Hamel. Tomus Quintus. Qui physicam Generalem continet. Editio Vltima multò
emendatior & auctior, cum Figuris aeneis & ligneis. Venetiis MDCCXXX. Apud
Jacobum Zatta Superiorum Permissu. | Willem J. 'sGRAVESANDE, Physices Ele-
menta Mathematica, experimentis confirmata; Sive Introductio ad Philosophiam Newtonianam. Auctore Gulielmo Jacobo 'sGravesande. Tomus primus – Tomus secundus.
Editio Quarta, auctior & correctior. Leidae. Apud Johannem Arnoldum Langerak,
Johannem et Hermannum Verbeek. Bibliop. MDCCXLII. | Andrea JASZLINSZKY,
Institutionum Physicae Pars Altera, seu Physica Particularis in usum discipulorum
concinnata a R. P. Andrea Jaszlinszky e Socitate Jesu Philosophiae Doctore, ejusdem in

Angabe bestimmter Inhalte, die mit reiflicher Überlegung auf sein Zielpublikum – die *tyrones* (die Anfänger im Fach der Physik) – abgestimmt ist. So bezieht der Autor aus den einzelnen Vorlagen stets ausschließlich jene Informationen, die er für den jeweiligen Kontext seiner Ausführungen für erforderlich hält, wobei er zur Darlegung eines bestimmten Aspekts nicht nur eine oder zwei Quellen zur Rate zieht, sondern durchwegs in fundierter Recherche auf einen größeren Umfang an Publikationen zurückgreift und eigenständige Akzente setzt. Ferner zeigt sich Biwalds Eigenständigkeit gegenüber seinen Vorlagen klar bei wiederholten Angaben bestimmter Begriffsdefinitionen, bei Erwähnungen einiger Fachausdrücke vor deren Erklärung und bei

---

Universitate Tyrnaviensi Professore Publico Ordinario. Tyrnaviae, Typis Academicis Societatis Jesu, anno M. DCC. LXI. | John KEILL, Joannis Keill, M. D. Regiae Soc. Lond. Socii, In Acad. Oxon. Astronomiae Professoris Saviliani Introductiones ad Veram Physicam et Veram Astronomiam. Quibus accedunt Trigonometria. De Viribus Centralibus De Legibus Attractionis. Mediolani, Excudit Franciscus Agnelli anno MDCCXLII. Publica auctoritate, ac privilegio. | Joseph-Jérôme L. de LALANDE, Astronomie, Par M. De La Lande, Conseiller du Roi, Lecteur Royal en Mathématiques; Membre de l'Académie Royale des Sciences de Paris; de la Société Royale de Londres; de l'Académie Impériale de Pétersbourg; de l'Académie Royale des Sciences & Belles-Lettres de Prusse; de la Société Royale de Gottingen; de l'Institut de Bologne; de l'Académie des Arts établie en Angleterre, & c. Censeur Royal. Tome premier – Tome second. A Paris, Chez Desaint & Saillant, Libraires, rue S. Jean-de-Beauvais. M. DCC. LXIV. Avec privilege du roi. | Paul MAKO DE KERCK-GEDE, Compendiaria Physicae Institvtio qvam in vsvm avditorum philosophiae elvcvbratvs est P. Mako e S. I. Pars I. Vindobonae, Typis Ioannis Thomae Trattner, Caes. Reg. Aulae Typogr. et Bibliop. MDCCLXII. | Aimé-Henri PAULIAN, Dictionnaire de Physique, dédié a Monseigneur Le Duc De Berry. Par le P. Aimé-Henri Paulian Prêtre de la Compagnie de Jesus, Professeur de Physique au Collège d'Avignon. Tome premier – Tome troisiéme. A Avignon, Chez Louis Chambeau, Imprimeur-Libraire, près les RR. PP. Jésuites. M. DCC. LXI. | Joseph REDLHAMER, Philosophiae Tractatus Alter, seu Metaphysica Ontologiam, Cosmologiam, Psychologiam, et Theologiam Naturalem complectens ad praefixam in scholis nostris normam concinnata a Josepho Redlhamer, e S. J. Philos. Prof. Publ. Ord. et examinatore. Anno MD CC LIII. Viennae Austriae Typis Joannis Thomae Trattner, Caes. Reg. Maj. Aulae Bibliopolae, et univers. Typographi. | Joseph REDLHAMER, Philosophiae Natvralis Pars II. Vranologiam, Stoechiologiam, Meteorologiam, Geologiam, Mineralogiam, Phytologiam, et Zoologiam complectens. Ad praefixam in scholis nostris normam concinnata. A Iosepho Redlhamer e S. I. Philosophiae Prof. Pvb. Ord. et Examinatore in Vniversitate Viennensi Anno MD CC LV. Viennae Austriae Typis Ioannis Thomae Trattner, Caes. Reg. Mai. Aulae Typographi & Bibliopolae. | Karl SCHERFFER, Institutionum Physicae Pars Secunda seu Physica Particularis, conscripta in usum tironum Philosophiae a Carolo Scherffer e S. J. Editio altera. Vindobonae, Typis Joannis Thomae Trattner, Caes. Reg. Aulae Typogr. Et Bibliop. MDCCLXIII. Zweifellos bezog sich Biwald auch auf weitere Quellen, eine vollständige Erfassung ist aus Gründen der aktuell nicht mehr allgemeinen Zugänglichkeit der Bestände jedoch nicht möglich.

Verdeutlichungen im Zusammenhang mit Synonyma – diese Verfahrensweisen zählen im Übrigen zum besonderen didaktischen Konzept des Autors. Außerdem weist die in der *Physica Generalis* verwendete Fachterminologie auch aus heutiger Sichtweise einen großen Grad an Modernität auf, denn bei einem bedeutenden Teil der Begriffe bestehen Korrelationen zwischen Biwald und den aktuellen Gegebenheiten, worin sich die in terminologischer Hinsicht fortschrittliche Gestaltung des Werks zeigt. Unterschiede bei bestimmten Bezeichnungen bestehen in der heutigen Ungebräuchlichkeit, differierenden Benennung oder anderen Klassifikation von Fachausdrücken.

2. Systematik bei der Einführung und Definition der Fachbegriffe

Für fast alle wichtigen astronomischen Termini wird in der *Physica Generalis* an passender Stelle[17] eine Definition gegeben, wobei jene Ausdrücke, die für Biwald besondere Relevanz aufweisen, kursiv gesetzt sind.[18] Außerdem ist durch die Verwendung von Querverweisen eine gut nachvollziehbare Verbindung verschiedener zusammenhängender Informationen gegeben.[19] Nur einige erklärungsbedürftige Bezeichnungen werden nicht erläutert – nämlich die Begriffe *sphaera*

---

[17] So werden nicht alle Begriffe bei ihrer Einführung definiert, sondern gegebenenfalls erst an späterer Stelle (cf. unten). In diesem Artikel werden die Orte der ersten Erwähnung der jeweiligen Termini im astronomischen Teil der *Physica Generalis* angegeben, sofern – wie bei den Bezeichnungen *aequinoctium vernum* sowie *autumnale* (p. 351) und *refractio* (p. 368) – keine anderen Angaben für den Kontext der Ausführungen erforderlich sind.

[18] Diese Vorgehensweise geht nicht auf Biwald zurück, denn auch in anderen Physik-Lehrwerken des 18. Jahrhunderts, die vor der *Physica Generalis* erschienen sind, wird diese Praxis angewandt – so etwa in Dalhams *Institutiones Physicae*, Makos *Compendiaria Physicae Institvtio*, Redlhamers *Philosophiae Tractatus Alter* und Redlhamers *Philosophia Naturalis*.

[19] Charakteristisch für das Referenzsystem im astronomischen Abschnitt der *Physica Generalis* ist der Aspekt, dass in der ersten Hälfte auf später folgende Informationen zu einem bestimmten Thema lediglich mit der Bemerkung *inferius* hingewiesen wird, bei den Verweisen nach oben, die in der zweiten Hälfte in zunehmendem Maß zu finden sind, hingegen die genauen Stellen angegeben werden. Dies scheint Biwalds Arbeitsweise abzubilden, denn während des Vorgangs des Schreibens folgt er seinem Grundkonzept und fügt Anmerkungen an, dass er später nochmals bzw. genauer auf den jeweiligen Aspekt eingehen wird, aber an welcher Stelle genau, ist ihm hierbei verständlicherweise noch nicht klar. Nachdem dann das gesamte Werk fertiggestellt ist, geht der Autor es nicht nochmals durch, um die *inferius*-Verweise durch genaue Stellenangaben zu ersetzen.

coelestis (p. 352), *[sphaera] terrestris* (p. 374), *[sphaera] armillaris* (p. 374), *mensis synodicus* (p. 374) und *Syzygiae* (p. 409).[20]
Gemäß der systematischen Verfahrensweise des Autors bei den Ausführungen zu Begriffsbedeutungen wäre eine Definition der Ausdrücke *sphaera coelestis, terrestris* und *armillaris* zu Beginn des Abschnitts über die sphärische Astronomie auf p. 374[21] zu erwarten gewesen, wo zunächst die ersten beiden und dann alle drei Termini nebeneinander angeführt werden. Jedoch spielt Biwald lediglich mit der Formulierung *notiones exponendae sunt, [. . .], nulloque negotio intelliguntur, si sphaerae eiusmodi coelestis ac terrestris, ea itidem, quam armillarem vocant, praesto sint*[22] auf den Aspekt an, dass mit diesen Begriffen „Hilfsmittel" zum Verständnis der Begriffe der sphärischen Astronomie bezeichnet werden.[23] Das Fehlen näherer Angaben zu diesen drei Fachausdrücken auf p. 374 ist möglicherweise damit zu erklären, dass die Formulierung *si sphaerae eiusmodi [. . .]*

---

[20] Ebenfalls nicht erklärt werden der Terminus *gradus* (p. 341) bzw. die verdeutlichenden Bezeichnungen *gradus in superficie telluris* (p. 342) und *gradus terrestris* (p. 344). Wohl aus dem Grund, weil es sich bei diesen Begriffen – durch die Aktualität der Erforschung der Gestalt der Erde im 18. Jahrhundert (cf. Seymour L. CHAPIN, The shape of the Earth, in: Planetary astronomy from the Renaissance to the rise of astrophysics. Part B: The eighteenth and nineteenth centuries (The General History of Astronomy 2), ed. René Taton and Curtis Wilson, Cambridge – New York – Melbourne, 1995, pp. 26–31) – um allgemein gebräuchliche und verständliche Ausdrücke handelte, hielt Biwald eine Erläuterung für überflüssig. Mit zumindest geringem Hintergrundwissen, das für einen Leser des 18. Jahrhunderts wohl anzunehmen ist, kann die Bedeutung des Terminus *gradus* zudem aus den Ausführungen im Kontext der Beschreibungen zu Beginn des Kapitels über die Erde (pp. 341) erschlossen werden.

[21] Die Verwendung des Begriffs *sphaera coelestis* schon auf p. 352, vor der für eine Erklärung relevanten Stelle, entspräche Biwalds didaktischem Konzept (cf. unten).

[22] Biwald, Physica Generalis, p. 374.

[23] Über die *sphaera coelestis* sind zwar an zwei späteren Stellen Informationen zu finden, aber um konkrete definitorische Angaben handelt es sich hierbei auch nicht. Denn auf p. 380 spricht Biwald von einer *cava sphaera*, die man sich bei einer Betrachtung des Sternenhimmels vorstellt und auf deren der Erde zugekehrter Oberfläche man die Gestirne annimmt. Die Bezeichnung *sphaera coelestis* verwendet er an dieser Stelle jedoch nicht. Auf p. 386 ist zwar dieser Terminus zu finden, aber er wird hier ohne weitere Erklärung lediglich durch die Adjektiva *cava* und *immensa* näher charakterisiert. Aus diesen Angaben über die *sphaera coelestis* lässt sich durch einen Analogieschluss auch die Bedeutung des Begriffs *sphaera terrestris* in der *Physica Generalis* erkennen. So handelt es sich bei einer solchen um die – entsprechend zur Himmelskugel – als kugelförmige Struktur angenommene Erde als Phänomen der sphärischen Astronomie. Wie über die *sphaera terrestris* finden sich auch über die *sphaera armillaris*, die auf p. 374 als Konkretum neben den beiden Abstrakta *sphaera coelestis* und *terrestris* angeführt wird, in der *Physica Generalis* keine genaueren Informationen.

praesto sint[24] als Aufforderung für den Lehrenden zu verstehen ist, graphische Veranschaulichungen der *sphaera coelestis* sowie der *sphaera terrestris* und eine *sphaera armillaris* als Demonstrationsobjekte bzw. Lehrbehelfe zu verwenden. Hierfür spricht auch das Faktum, dass im Abbildungsteil der *Physica Generalis* keine dementsprechenden Graphiken zu finden sind.[25] Trotzdem wäre im Sinne von Biwalds formal-systematischer Vorgehensweise bei der Gestaltung seines Werks eine zumindest kurze Definition der *sphaera coelestis*, *terrestris* und *armillaris* angebracht gewesen, etwa wie J.-J. L. de Lalande[26] eine Erklärung der Begriffe *sphaera coelestis* und *sphaera armillaris* gibt. Obwohl die Begriffsbedeutung dieser *sphaerae* nicht ohne weiteres aus dem Text hervorgeht, wird durch die Nebeneinanderstellung dieser drei Bezeichnungen in der *Physica Generalis* ein gewisser Grad von Systematik erreicht, der in keinem von Biwalds Quellenwerken an entsprechenden Stellen feststellbar ist – denn die Erwähnung der *sphaera coelestis, terrestris* und *armillaris* bzw. die Themenangabe über die im Folgenden behandelten Aspekte setzte der Autor aus eigener Überlegung heraus zum Zweck der Überleitung und der Einführung sowie der Vorbereitung des Lesers auf den folgenden Themenkomplex an diese Stelle. Auf eine Vorlage bezieht sich Biwald hingegen bei der bereits in Anm. 21 erwähnten Wortgruppe *immensa illa sphaera cava coelestis* (p. 386), diese Formulierung verwendet er nämlich im Kontext der Erklärung des Kopernikanischen Systems nach de Lalande,[27] wobei er sich gemäß der im 18. Jahrhundert üblichen Übersetzungspraxis eng an dem Wortlaut seiner Quelle orientiert – so lautet die entsprechende Junktur bei Lalande *cette concavité immense de tout le ciel.*[28]

---

[24] Biwald, Physica Generalis, p. 374.

[25] Biwalds Vorliebe für Instrumente, allerdings für physikalische, bezeugt zudem Kunitsch, Biographie, 27f.

[26] Lalande, Astronomie, tom. 1, liv. 1, p. 26.

[27] Biwald (p. 386) verweist auf Lalande „*Astron. L. V.*", die genaue Stelle lautet Lalande, Astronomie, tom. 1, liv. 5, p. 342.

[28] Ein näherer Bezug zum Wortlaut der *Physica Generalis* ist zwar in K. Scherffers *Institutionum Physicae Pars Secunda* (p. 2) mit der Formulierung *sphaerae immensae ac cavae* zu finden, aber da Biwald einen ausdrücklichen Verweis auf Lalande, die Hauptquelle für den astronomischen Teil der *Physica Generalis* (cf. Praef.), macht und die Erläuterungen, unter denen auch die *immensa sphaera cava coelestis* erwähnt wird, eindeutig Lalandes Astronomie entnommen wurden, ist an dieser Stelle von einer Mitbenützung von Scherffers Werk zu sprechen. (zu Biwalds Anführungen von bestimmten Quellen und zum Unterlassen von Hinweisen auf bestimmte, andere Werte cf. Faustmann, Physik des 18. Jahrhunderts, 235.)

Was die Bezeichnung *mensis synodicus* betrifft, so wird diese in der *Physica Generalis* deswegen nicht erläutert, weil sie nur bei der Erklärung eines anderen Fachbegriffs (nämlich der *librationes*) beiläufig erwähnt und daher von Biwald als kein wichtiger Terminus betrachtet wird, für den eine Definition relevant wäre. Somit zeigen sich an dieser Stelle die in sich schlüssige Gestaltung der *Physica Generalis* und die – durch die spezifische Prioritätensetzung des Autors – mit gutem Grund gewählte Abweichung von den Quellen, denn in F. Dalhams,[29] J.-B. Du Hamels,[30] W. J. 'sGravesandes,[31] A. Jaszlinszkys,[32] J. Keills,[33] J.-J. L. de Lalandes,[34] und J. Redlhamers[35] Werken wird der *mensis synodicus* als erläuterungsbedürftiger Begriff behandelt.

Dass Biwald bei dem Terminus *Syzygiae* von einer Erklärung abgesehen hat, ist damit zu begründen, dass dieser Ausdruck im laufenden Text zunächst an einer Stelle[36] erwähnt wird, an der eine (nähere) Erläuterung ungünstig gewesen wäre.[37] Weiter unten[38] ist zwar für den aufmerksamen Leser die Begriffsbedeutung aus dem Kontext[39] zu erschließen, aber insbesondere für die *tyrones* ist diese nicht so einfach herleitbar, weshalb eine Definition angebracht gewesen wäre. Bei dieser Bezeichnung weisen mit der *Physica Generalis* vergleichbare Werke einen höheren Grad an Verständlichkeit auf, bei

---

[29] Dalham, Institutiones Physicae, tom. 3, p. 110 und p. 276.

[30] Du Hamel, Philosophia Vetus et Nova, tom. 5, p. 131.

[31] 'sGravesande, Physices Elementa Mathematica, tom. 2, lib. 6, cap. 6, p. 958.

[32] Jaszlinszky, Institutiones [sic] Physicae Pars Prima, p. 55.

[33] Keill, Introductiones ad Veram Physicam et Veram Astronomiam, p. 288.

[34] Lalande, Astronomie, tom. 1, liv. 7, p. 552 und p. 558.

[35] Redlhamer, Philosophiae Natvralis Pars II, p. 112.

[36] Biwald, Physica Generalis, p. 409.

[37] Der Erwähnung des Begriffs *Syzygiae* geht nämlich ein $8^1/_2$-zeiliger Satz voran, der nur durch einen Strichpunkt abgesetzt ist, bis nach weiteren $1^1/_2$ Zeilen in einer wiederum etwas längeren Passage der Terminus *Syzygiae* angeführt wird. Allerdings wäre eine Erläuterung durch eine Formulierung wie etwa „*in Syzygiis sive in coniunctione & oppositione*" ohne Verlust der übersichtlichen Lesbarkeit durchaus vertretbar gewesen.

[38] Biwald, Physica Generalis, p. 412.

[39] So lautet die *Propositio I* zum *motus Lunae* auf p. 412: *Actio Solis in Lunam eiusdem gravitatem in terram in Syzygiis minuit, in quadraturis auget*; und in den folgenden Ausführungen werden u. a. die *coniunctio* und die *oppositio* erwähnt, sodass das Verständnis des Begriffs *Syzygiae* als Sammelbezeichnung für diese beiden astronomischen Aspekte erschließbar ist.

Jaszlinszky[40] und Scherffer[41] finden sich nämlich allgemeine und
ebenfalls bei Jaszlinszky[42] sowie bei Mako,[43] Redlhamer,[44] Dalham,[45]
'sGravesande[46] und Lalande[47] auf den Mond bzw. auf Sonne und Mond
bezogene Erklärungen des Terminus *Syzygiae.*

Für einige weitere Fachausdrücke, deren Bedeutungen aus dem
Kontext der Ausführungen im Umfeld hervorgehen, gibt Biwald ebenfalls keine Erklärungen – zu diesen zählen die Begriffe *quadrans
astronomicus* (p. 342), *systema solare* (p. 362), *Systema Iovis*
(p. 364), *Systema Saturni* (p. 364), *aspectus* (p. 366), *aspectus
trigonus* (p. 366), *occultatio* (p. 369), *horizon ortivus* (p. 375), *horizon
occiduus* (p. 375), *verus locus* (p. 383), *locus apparens* (p. 386),
tropicus Cancri (p. 388), *systema nostrum planetarium* (p. 405),
parallaxis horizontalis (p. 421) und *Zodiacus apparens* (p. 425). Da
sich der Autor hierbei im Allgemeinen an der Vorgehensweise in
vergleichbaren Lehrwerken, sofern diese Termini in jenen Quellen
verwendet werden, orientieren konnte, wird im Folgenden bezüglich
der Vorlagen nur auf ausgewählte Aspekte eingegangen, an denen ein
konkreter Bezug zu einem bestimmten Text feststellbar ist.

Die Begriffe *quadrans astronomicus, systema solare, Systema Iovis,
Systema Saturni* und *systema nostrum planetarium* werden in der
Physica Generalis an Stellen erwähnt, an denen eine Definition un-
passend gewesen wäre,[48] und sind außerdem selbsterklärend,[49] wes-

---

[40] Jaszlinszky, Institutiones [sic] Physicae Pars Prima, p. 16.

[41] Scherffer, Institutionum Physicae Pars Secunda, p. 100.

[42] Jaszlinszky, Institutiones [sic] Physicae Pars Prima, p. 247.

[43] Mako, Compendiaria Physicae Institvtio, pars 1, pp. 186f.

[44] Redlhamer, Philosophiae Natvralis Pars II, p. 115.

[45] Dalham, Institutiones Physicae, tom. 3, p. 110.

[46] 'sGravesande, Physices Elementa Mathematica, tom. 2, lib. 6, cap. 6, p. 959.

[47] Lalande, Astronomie, tom. 1, liv. 7, p. 566.

[48] Die Bezeichnungen *quadrans astronomicus, systema solare* und *systema nostrum
planetarium* verwendet Biwald nämlich bei der Beschreibung bestimmter Themen-
komplexe – so den ersten Begriff bei Beschreibungen zur Landvermessung, den
zweiten im Zusammenhang mit den Kometen und den dritten bei der Himmelsmechanik –, wo eine Erläuterung den Kontext der Ausführungen gestört hätte. Die Termini
Systema Iovis und *Systema Saturni* werden in einer Tabelle angeführt.

[49] Der Terminus *quadrans astronomicus* stellt zwar keinen derartig gängigen
Ausdruck wie die übrigen oben erwähnten Begriffe dar, aber dass es sich bei diesem
um eine Bezeichnung für ein bestimmtes Instrument handelt, ist aus Biwalds
Erläuterungen im Umfeld nachvollziehbar.

halb Biwalds Verzicht auf eine Definition durchaus nachvollziehbar ist.[50] Eine Erklärung des Terminus *aspectus* wird in der *Physica Generalis* deswegen nicht gegeben, weil auf die verschiedenen diesbezüglichen Erscheinungen (außer auf den *aspectus trigonus*) kurz vor[51] der Erwähnung dieser Bezeichnung im Zusammenhang mit dem Mond eingegangen wird und die Begriffsbedeutung hieraus sowie aus dem zusammenfassenden Scholium auf p. 366 hervorgeht. Die Bedeutung des Fachausdrucks *aspectus trigonus* ist für den Leser durch einen Analogieschluss erkennbar, denn dieser Terminus wird bei der Auflistung der astronomischen Aspekte auf p. 366 neben den bereits in Bezug auf den Mond erläuterten Begriffen *oppositio*, *coniunctio* und *aspectus quadratus* angeführt, weshalb das Unterlassen einer Definition auch in diesem Fall berechtigt ist.[52] Bei dieser Aneinanderreihung der vier *aspectus* scheint Biwalds Orientierung an Redlhamers *Philosophiae Natvralis Pars II*[53] oder Scherffers *Institutionum Physicae Pars Secunda*[54] wahrscheinlich, denn auch in diesen beiden Werken finden sich ähnliche Passagen. Aber die Eigenständigkeit der *Physica Generalis* im Vergleich zu diesen beiden Autoren ist hier klar erkennbar, da sich sowohl der Wortlaut als auch die Reihenfolge der Erwäh-

---

[50] Diese Vorgehensweise geht also mit der Systematik des Autors bei der Gestaltung seines Werks bzw. mit der Konzeption desselben für das Zielpublikum der *tyrones* konform; zwar werden andere (nicht unbedingt erklärungsbedürftige, weil allgemein bekannte und verständliche) Termini erläutert, aber da eine Definition bei diesen vier Begriffen ein Element der Unübersichtlichkeit in den Text gebracht hätte, wird darauf verzichtet. Dass Biwald die Präsentation der Informationen mit Überlegung gestaltet hat und nicht alle in seinen Quellen vorhandenen Erklärungen übernimmt, geht aus 'sGravesandes *Physices Elementa Mathematica* (tom. 2, lib. 6, cap. 1, p. 936) hervor, wo eine Definition des *systema planetarium* gegeben wird.

[51] Biwald, Physica Generalis, pp. 365f.

[52] Im Unterschied zur *Physica Generalis* sind bei Dalham (Institutiones Physicae, tom. 3, p. 212), Jaszlinszky (Institutiones [sic] Physicae Pars Prima, p. 16), Redlhamer (Philosophiae Natvralis Pars II, p. 114) und Scherffer (Institutionum Physicae Pars Secunda, p. 99) auch genaue Definitionen des *aspectus trigonus* zu finden, worin sich wiederum Biwalds mit Überlegung getroffene Auswahl von Informationen aus den Quellen zeigt.

[53] Redlhamer, Philosophiae Natvralis Pars II, p. 115.

[54] Scherffer, Institutionum Physicae Pars Secunda, p. 100.

nung der *aspectus* bei Biwald von Redlhamer und Scherffer unterscheiden.[55] Die Bedeutung des Terminus *occultatio* lässt sich aus der Wortgruppe *tegi sive occultari*, die etwas vor der Erwähnung dieses Begriffs[56] im Zusammenhang mit Fixsternen und Planeten sowie dem Mond verwendet wird, erschließen und wird daher – sowie auch als allgemein verständliche und nicht sonderlich wichtige Bezeichnung – nicht näher erklärt. Gleiches gilt für die Ausdrücke *horizon ortivus* und *occiduus*, deren Bedeutung aus ihrer Anführung im Zusammenhang mit dem Auf- und Untergang von Sternen hervorgeht. Der Ausdruck *verus locus* ist für den Leser als Bezeichnung für jene Position, an welcher ein Gestirn ohne den Effekt der Aberration beobachtbar wäre, aus Biwalds Ausführungen bezüglich der *aberratio* bzw. des *angulus aberrationis* verständlich – außerdem wäre an dieser Stelle eine Erklärung des *verus locus* unangebracht, da hier eine Definition des *angulus aberrationis* gegeben wird. Aus den Erläuterungen zur scheinbaren Bewegung der Sonne ist die Bedeutung des Begriffs *locus apparens* als Bezeichnung für die von der Erde aus gesehene Position der Sonne, die sich aufgrund der scheinbaren Bewegung der Sonne ändert, klar, weshalb eine Definition nicht nötig ist. Was den Begriff *tropicus Cancri* betrifft, so wird dieser auf p. 388 nicht erklärt, weil eine entsprechende Graphik[57] im Abbildungsteil für ausreichende Anschaulichkeit sorgt. Außerdem ist die Definition des *tropicus Cancri* entsprechend der Erklärung des *tropicus Capricorni* auf p. 389 erschließbar. Bezüglich des Terminus *parallaxis horizontalis* werden bereits auf p. 381 Informationen gegeben,[58] ohne dass der Begriff

---

[55] So lautet Biwalds Formulierung (p. 366) vor der Auflistung der *aspectus*: *Astronomi aspectus varios planetarum signis quibusdam exprimunt, [...]*, während bei Redlhamer (Philosophiae Natvralis Pars II, p. 115) die Verbindung *Horum aspectuum signa Astronomis usitata sunt: [...]* und bei Scherffer (Institutionum Physicae Pars Secunda, p. 100) die Junktur *Signa compendiaria ad hos aspectus exprimendos, ac Astronomis usitata sunt haec: [...]* zu finden ist. In der folgenden Reihe der *aspectus* werden in der *Physica Generalis* nach der *oppositio* und der *coniunctio* der *aspectus quadratus* und der *aspectus trigonus* angeführt, Redlhamer und Scherffer geben den *aspectus trigonus* hingegen vor dem *aspectus quadratus* an und erwähnen zusätzlich den *aspectus sextilis*.

[56] Biwald, Physica Generalis, p. 368.

[57] Biwald, Physica Generalis, Tab. XII., Fig. 113.

[58] So erwähnt Biwald bei der Einführung und Definition der *parallaxis diurna* und *parallaxis annua*, dass die (tägliche) Parallaxe bei der Position eines Gestirns am Horizont den größten Wert aufweist, was sich auf die *parallaxis horizontalis* bezieht.

selbst an dieser Stelle erwähnt wird.[59] Aus diesen Beschreibungen
sowie in Analogie zu den auf p. 381 definierten Bezeichnungen
parallaxis diurna und *parallaxis annua* ist die Bedeutung des Fachausdrucks *parallaxis horizontalis* verständlich. Dass Biwald diesen Begriff bei seiner ersten Erwähnung auf p. 421 nicht erklärt, liegt nicht
vorwiegend daran, dass er bereits auf p. 381 Informationen über diesen
angeführt hat bzw. die Verständlichkeit aus den Erklärungen der
parallaxis diurna und *parallaxis annua* gegeben ist, sondern vielmehr
daran, dass er die *parallaxis horizontalis* auf p. 421 in einer von
Lalande[60] übernommenen Passage der Erklärung der *lunae librationes*[61] erwähnt. Der Terminus *Zodiacus apparens* wird deswegen
nicht erklärt, weil seine Bedeutung aus Biwalds Ausführungen auf
p. 425 hervorgeht[62] und diese Bezeichnung nur in einem ergänzenden
Scholium erwähnt wird, dessen Zweck vielmehr die Angabe von
Zusatzinformationen als eine genaue Begriffsdefinition ist. Dass Biwald diese Passage von Makos *Compendiaria Physicae Institvtio*[63]
übernommen hat, zeigt sich aus der in den beiden Werken korrelie-

---

[59] Dass Biwald die Bezeichnung *parallaxis horizontalis* nicht bereits auf p. 381
erwähnt, hat den Grund, dass er an dieser Stelle mit der Angabe des Auftretens des
Maximalwertes der (täglichen) Parallaxe am Horizont (und dem Verschwinden derselben an den Polen) nur auf die Größe der Parallaxe hinweisen und noch vor der
Einführung des Begriffs *parallaxis diurna* keinen anderen Fachbegriff erwähnen
möchte.

[60] Lalande, Astronomie, tom. 2, liv. 20, p. 1226: *[...], la libration diurne qui est
égale à la parallaxe horisontale [...].*

[61] Biwald, Physica Generalis, p. 421: *Binis his lunae librationibus duas alias addit
Cl. de la Lande (Astron. N. 2551) librationem nempe diurnam, quam parallaxi
horizontali aequalem esse docet, eamque ita & librationem in latitudinem a Galilaeo
primum observatam fuisse tradit, & librationem ab attractione terrae, & figura lunae
sphaeroidaea [...].*

[62] Daraus, dass Biwald als definitorische Angaben bezüglich des *Zodiacus rationalis*
dessen im Widderpunkt festgesetzten Beginn und dessen von dort ausgehende Einteilung in zwölf gleich große Teile bzw. *signa* erwähnt und auf die Verschiebung eines
jeden *signum apparens* um den Abstand eines ganzen *signum rationale* (aufgrund der
Präzession) eingeht, ist die Bedeutung des Begriffs *Zodiacus apparens* erschließbar.
(Für eine weiterführende Erklärung siehe unten.)

[63] Mako, Compendiaria Physicae Institvtio, pars 1, p. 199.

renden Gestaltung und Präsentation der Informationen.[64] Aus diesen
Betrachtungen geht somit die klare Schwerpunktsetzung bei der Angabe bestimmter Inhalte in der *Physica Generalis* hervor, welche der
Autor aus nachvollziehbarer Überlegung bezüglich der Relevanz für
sein Zielpublikum vornahm.

Wie bereits im Zusammenhang mit der *sphaera coelestis* angedeutet,
sind in der *Physica Generalis* außerdem für manche Bezeichnungen
nur überblicksmäßige Erläuterungen zu finden – so zusätzlich zu der
sphaera coelestis auch bei den Ausdrücken *sphaera obliqua* (p. 375),
[sphaera] recta (p. 376), *[sphaera] parallela* (p. 376), *aequinoctium
vernum* (p. 378), *[aequinoctium] autumnale* (p. 378), *solstitium aestivum* (p. 378), *[solstitium] hyemale* (p. 378), *distantia media* (p. 379) und
dies lunaris (p. 449). Von umfassenden, ausführlichen Definitionen hat
Biwald bei diesen Termini deswegen abgesehen, weil die Begriffsbedeutungen aus den jeweiligen Beschreibungen hervorgehen und er –
zumindest bei den drei *sphaerae*, den *aequinoctia* und den *solstitia* – eine
in kurzem Abstand folgende Wiederholung von Informationen
vermeiden wollte. Außerdem kam es ihm bei der *sphaera obliqua*, der
[sphaera] recta und der *[sphaera] parallela* mehr auf die Darlegung
grundlegender Charakteristika und bestimmter Erscheinungen auf den-
selben (nämlich der Tages- und Nachtlängen sowie der Jahreszeiten)[65]

---

[64] Biwald, Physica Generalis, p. 425: *SCHOL. Praecessio haec in causa est, quod
Astronomi distinctionem fecerint inter signa Zodiaci apparentis, & rationalis. Zo-
diacum rationalem initium capere docent in ipsa verna sectione, sumptoque inde initio
in partes 12 aequales, sive signa 12 totum eum circulum partiuntur. Haec vero signa a
binis inde annorum millibus adeo progressa sunt, ut aries in locum tauri, taurus in
locum geminorum successerit, & ita porro. Nimirum unumquodque signum apparens
spatio integri signi rationalis orientem versus iam praecessit.* | Mako, Compendiaria
Physicae Institvtio, pars 1, p. 199: *Scholion. Praecessio haec induxit distinctionem
signorum zodiaci adparentis, et rationalis, Zodiacus rationalis initium capit ab ipsa
sectione verna, totumque circulum in duodecim signa partitur, quae nunc post bina
circiter annorum millia sic progressa sunt, vt in tauro rationali iam sit adparens aries,
taurus in geminis, et ita porro: nimirum vnumquodque signum adparens iam spatio
integri signi rationalis processit orientem versus.*
[65] So werden diese *sphaerae* hinsichtlich der Merkmale beschrieben, dass die
Tagkreise vom Horizont auf der *sphaera recta* in zwei gleich große, auf der *sphaera
obliqua* hingegen in ungleich große Teile geschnitten werden (p. 376). Außerdem
erwähnt Biwald die daraus folgenden Erscheinungen für verschiedene Orte auf der
Erde (p. 389f): Auf der *sphaera recta* sind die Tage stets gleich lang wie die Nächte, die
Sonne befindet sich zwei Mal im Jahr im Scheitel der Orte der *sphaera recta*, und je
zwei Mal pro Jahr ist hier Sommer bzw. Frühling. Auf der *sphaera obliqua* nimmt die
Tages- bzw. Nachtlänge zu bzw. ab, zwei Mal im Jahr ist hier der Tag gleich lang wie die
Nacht, und es gibt eine Abfolge von vier Jahreszeiten. Auf der *sphaera parallela*
schließlich herrscht für die Dauer eines halben Jahres Tag und die zweite Jahreshälfte
hindurch Nacht bzw. Dunkelheit.

an als auf eine exakte Erklärung, wie diese *sphaerae* selbst definiert sind. Dies ist auch der Grund, weshalb Biwald bei den *sphaerae* nicht die genaueren Definitionen einiger seiner Quellenwerke[66] verwertete. Am ehesten ist hierbei ein Bezug zu Scherffers *Institutionum Physicae Pars Secunda*[67] vorhanden, in welcher in einer mit der *Physica Generalis* vergleichbaren Weise auch hauptsächlich die *phaenomena* auf den drei *sphaerae* beschrieben werden.[68] Was die Begriffe *aequinoctium vernum* und *autumnale* betrifft, so erwähnt Biwald auf p. 378, dass das erste im Beginn des Widders und das zweite im Beginn der Waage festgelegt ist. Auf p. 425 geht aus Angaben im Zusammenhang mit dem Begriff *praecessio aequinoctiorum* hervor, dass der Terminus *aequinoctia* hier für die *puncta aequinoctialia* steht, unter denen Biwald die Schnittpunkte des Äquators mit der Ekliptik versteht. Bei dieser Verfahrensweise der Angabe jener Aspekte, welche für das Verständnis des jeweiligen Kontexts erforderlich sind, orientierte sich Biwald bezüglich des *aequinoctium vernum* und *autumnale* an keinem Quellenwerk, hierin zeigt sich somit wiederum die überlegte und sinnnvolle Präsentation ausgewählter Informationen sowie die Eigenständigkeit der *Physica Generalis* gegenüber ihren Vorlagen. Lediglich in Dalhams *Institutiones Physicae*[69] und in Redlhamers *Philosophiae Tractatus Alter*[70] sind für die Ausführungen auf p. 378 der *Physica Generalis* relevante Darstellungen zu finden, während der Wortlaut auf p. 425 mit einer Stelle aus

---

[66] 'sGravesande, Physices Elementa Mathematica, tom. 2, lib. 6, cap. 8, p. 973 und p. 975. | Jaszlinszky, Institutionum Physicae Pars Altera, p. 12. | Keill, Introductiones ad Veram Physicam et Veram Astronomiam, p. 373–375. | Lalande, Astronomie, tom. 1, liv. 1, p. 31; im Einzelnen p. 32 (*Sphère Droite*), p. 33 (*Sphère Oblique*), p. 37 (*Sphère Parallele*) | Redlhamer, Philosophiae Tractatus Alter, pp. 117f.

[67] Scherffer, Institutionum Physicae Pars Secunda, pp. 85–89.

[68] Scherffers Beschreibung dieser *sphaerae* ist aber etwas exakter als die Biwalds, denn im Unterschied zur *Physica Generalis* wird in der *Institutionum Physicae Pars Secunda* angeführt, auf welchen Beobachtungsstandort die jeweilige *sphaera* bezogen ist.

[69] Dalham, Institutiones Physicae, tom. 3, pp. 59f: *In hunc circulum [=aequator] cum sol illabitur, seu potius illabi duntaxat videtur, dies & noctes aequales omnibus plagis et gentibus sunt, iis solummodo exceptis, qui sub ipsis Polis fortasse degunt; tum quippe sol circulum suum describit in medio Mundi, ut neque ad unum, neque ad alterum Polorum appropinquet; atque ob haec Aequinoctia circulus ille etiam dici solet aequinoctialis. Haec Aequinoctia bis intra anni spatium, circa 21 Martii in signo Arietis, & 23 Septemb. in ingressu solis in Libram contingunt: ideoque etiam alterum appellatur aequinoctium Vernum, alterum Autumnale.*

[70] Redlhamer, Philosophiae Tractatus Alter, p. 119: *At noctes aequant aries, & libra diebus.*

Makos *Compendiaria Physicae Institvtio*[71] korreliert. In gleicher Weise wie beim *aequinoctium vernum* und *autumnale* definiert Biwald das *solstitium aestivum* und *hyemale* ebenfalls nicht exakt, sondern erwähnt nur,[72] dass das erste im Krebs und das zweite im Steinbock erfolgt. Auch in diesem Fall ist kein konkreter Bezug zu einem Quellenwerk der *Physica Generalis* feststellbar, die engste Verbindung zu Biwalds Darstellung weisen zwei Stellen wiederum in Dalhams *Institutiones Physicae*[73] und in Redlhamers *Philosophiae Tractatus Alter*[74] auf. Bei den Informationen über die *distantia media*, die auf p. 379 im Zusammenhang mit Erläuterungen bezüglich des Abstandes eines Planeten zur Sonne nur als *semiaxis transversus* erklärt wird,[75] ist hingegen eine eindeutige Orientierung Biwalds an einer Vorlage gegeben, denn diese Passage übernahm der Autor von Makos *Compendiaria Physicae Institvtio*.[76] Was den Begriff *dies lunaris* betrifft, so geht dessen Bedeutung aus Biwalds Angabe des Werts von 24 h 48′ für diesen hervor. Hierbei ist die für den Zweck der *Physica Generalis* bzw. für diese Passage sinnvolle Schwerpunktsetzung[77] des Autors bei der Auswahl von Informationen aus dem ihm zur Verfügung stehenden Quellenmaterial deutlich kenntlich, denn die Kombination des Terminus *dies lunaris* mit dieser Zeitangabe ist in den Quellen der *Physica Generalis* in dieser Form

---

[71] Mako, Compendiaria Physicae Institvtio, pars 1, p. 199: *[...] puncta aequinoctialia, in quibus eclipticam secat aequator [...]*.

[72] Biwald, Physica Generalis, p. 378.

[73] Dalham, Institutiones Physicae, tom. 3, p. 63: *A Tropicis itaque super linea Ecliptica duo quaepiam puncta contactus notantur, in quibus* solstitia *contingunt;* Tropicus *quidem* Cancri *solstitium aestivum nobis indicat, longissimumque diem circa 22 Junii:* Capricorni Tropicus *solstitium hyemale & diem brevissimum circa 22 Decembris.*

[74] Redlhamer, Philosophiae Tractatus Alter, p. 119: *Signa verna, & autumnalia ibi incipiunt, ubi Zodiacus dividitur a coluro aequinoctiorum, & ibi desinunt, ubi secatur a coluro solstitiorum. Hinc duo sunt aequinoctia, vernum, & autumnale, duoque solstitia, aestivum, & hibernum, juxta illud:*
Haec duo solstitium faciunt, cancer, capricornus,
At noctes aequant aries, & libra diebus.
In aequinoctiis dies est aequalis nocti, in solstitio aestivo nobis est dies maximus, & in solstitio hiberno nox maxima.

[75] Mit dem Begriff *semiaxis transversus* wird die Verbindungslinie zwischen dem Mittelpunkt der Bahnellipse und dem umlaufenden Planeten bezeichnet, deren Länge sich mit den verschiedenen Positionen des Planeten verändert.

[76] Mako, Compendiaria Physicae Institvtio, pars 1, pp. 182f: *Semiaxis transuersus [ellipseos] est distantia fere media, [...]*.

[77] Die Bezeichnung *dies lunaris* wird bei der Beschreibung des *phaenomenon I* der Gezeiten (p. 449) erwähnt, wo Biwald berechtigterweise einen kurzen Hinweis auf die Dauer des *dies lunaris* für ausreichend hält: *Aestus in quolibet loco intra diem lunarem, id est, 24 horas, 48′ quater contingit, bis nempe affluxus, & bis refluxus.*

nicht zu finden: 'sGravesande[78] gibt zwar eine Definition für den *dies lunaris*, aber macht keine so exakte Zeitangabe wie Biwald, während Dalham[79] und Jaszlinszky[80] neben Erklärungen den erwähnten Wert anführen, ohne den Fachausdruck selbst zu nennen.

Umgekehrt gibt Biwald zu manchen Begriffen an mehreren Stellen des astronomischen Teils der *Physica Generalis* definitorische Erläuterungen. Dies ist bei den Termini *stellae fixae* (p. 326 und p. 328), *planetae* (p. 326 und p. 336), *planetae primarii* (p. 327 und p. 339), *planetae secundarii* (p. 327 und p. 363), *Luna* (p. 327 und p. 364f), *cometae* (p. 327, p. 352 und p. 358), *Zodiacus* (p. 329 und p. 377), *phases* (p. 336 und p. 395), *eclipsis solis totalis* (p. 350 und p. 423), *altitudo* (p. 354 und p. 376), *solaris eclipsis* (p. 368 und p. 422f), *libratio* (p. 374 und p. 421) und *phaenomena regularia* (p. 449 und p. 457) der Fall, wobei an den jeweils späteren Stellen ausführlichere, exaktere oder weiterführende Erklärungen zu finden sind. Diese Vorgehensweise stellt insofern ein sinnvolles Konzept für ein physikalisches Lehrwerk dar, als zuerst grundlegende bzw. allgemeinere Informationen gegeben werden, welche für das Verständnis der unmittelbar folgenden Ausführungen bzw. als generelle Grundkenntnisse nötig sind, und weiter unten in bestimmten Kapiteln, die zum Teil auch nur von einzelnen der oben erwähnten Begriffe handeln, eine genauere, spezifischere und komplexere Darlegung erfolgt.

Bei anderen astronomischen Fachausdrücken werden Erklärungen doppelt oder auch mehrfach angeführt – so bei den Bezeichnungen *latitudo* (p. 378, p. 422, p. 428 und p. 429), *excentricitas* (p. 379 und p. 419) und *nodi* (p. 379, p. 422 und p. 423). Diese Praxis zählt ebenfalls zu Biwalds didaktischem Konzept, denn zwischen der ersten

---

[78] 'sGravesande, Physices Elementa Mathematica, tom. 2, lib. 6, cap. 19, p. 1063: Dies lunaris, est Tempus lapsum inter recessum Lunae à Meridiano & accessum sequentem ad eundem. *Dies haec in viginti quatuor Horas lunares dividitur. Superat Diem naturalem 50. minutis.*

[79] Dalham, Institutiones Physicae, tom. 3, p. 109: Diurno motu *bis singulis diebus Mare sub Aequatore, & in locis Aequatori propioribus, intumescit, & defluit, nempe intra 24 horas, & 48 minuta; Hoc autem temporis spatio luna, a Meridiano loci cujusvis digressa, revertitur ad eundem, [...].*

[80] Jaszlinszky, Institutionum Physicae Pars Altera, p. 247: Dixi modo bis hunc aestum accidere intra 24 horas & circiter 48 minuta; cum enim aestus crescat, usque dum Luna ad meridianum perveniat, & Luna propter periodicum suum cursum, quo ab occasu in ortum fertur, omni die circiter 48 minutis tardius ad meridianum alicujus littoris aestuantis perveniat, etiam aestum intra 24 horas & 48 minuta bis fieri necesse est.

und der zweiten Erwähnung der jeweiligen Erklärungen liegt ein
ziemlich großer Abstand, weshalb der Autor eine Wiederholung der
Definitionen für sinnvoll hielt. Die mehrfachen Erwähnungen der
Erklärung der *latitudo* und der *nodi* sind damit zu begründen, dass
diese Ausdrücke für Biwald besonders wichtige Begriffe darstellten
und es ihm ein Anliegen war, dass die *tyrones* diese Bezeichnungen
beherrschen.

Bei dieser Verfahrensweise, die ein besonderes Charakteristikum der
Physica Generalis darstellt, zeigt sich die mit Überlegung gewählte und
gegenüber den Quellen eigenständige Gestaltung in der Präsentation
der Informationen, in vergleichbaren Werken wird diesbezüglich
nämlich in keiner solchen Form vorgegangen.

Ferner ist im Zusammenhang mit den Definitionen von Fachbegriffen in der *Physica Generalis* festzuhalten, dass eine Reihe von Termini
bereits vor ihrer Erklärung erwähnt wird.[81] Dies ist ebenfalls eine
spezifische didaktische Vorgehensweise, denn an früheren Stellen, an
denen das Verständnis dieser Begriffe für jene Aspekte, auf die es
Biwald hier ankommt, nicht nötig ist, werden sie ohne Erläuterung
angeführt, um erst später an relevanteren Stellen näher definiert zu
werden. Auch diese Praxis ist in diesem Ausmaß eine Besonderheit der
Physica Generalis und lässt sich in den Quellen in vergleichbarer Weise
nicht nachweisen. Hierbei handelt es sich somit um eine spezielle
Leistung Biwalds, sein Werk als möglichst adäquates Kompendium für
seine Zielgruppe zu gestalten.

Außer diesen positiven Kriterien sind im astronomischen Teil der
Physica Generalis bezüglich der Systematik bei der Einführung und
Definition von Fachausdrücken auch andere Aspekte feststellbar, denn
im Zusammenhang mit zwei Termini – nämlich mit den *stellae
nebulosae* und dem *annulus lucidus* – sind unklar formulierte bzw.

---

[81] Hierbei handelt es sich um die Bezeichnungen *corpora totalia* (p. 324 | p. 326),
planetae superiores (p. 359 | p. 387) und *inferiores* (p. 359 | p. 387), *locus* (p. 328 |
p. 378), *parallaxis* (p. 354 | p. 380), *refractio* (p. 368 | p. 382), *nutatio* (p. 383 |
p. 428), *horizon* (p. 336 | p. 374), *aequator* (p. 334 | p. 375), *meridianus* (p. 345 |
p. 376), *sphaera obliqua* (p. 375 | p. 376), *aequinoctium vernum* (p. 351 | p. 378) und
autumnale (p. 351 | p. 378), *altitudo* (p. 345 | p. 376), *lunae librationes* (p. 374 |
p. 421), *vortex* (p. 356 | p. 430) p. 316 (p. 13), *plenilunium* (p. 337 | p. 365), *immersio*
(p. 368 | p. 424) und *emersio* (p. 373 | p. 424). – Für genauere Erläuterungen zu diesen
Begriffen cf. Cornelia FAUSTMANN, Der astronomische Teil von Leopold Gottlieb
Biwalds Physica Generalis. Übersetzung und terminologische Untersuchungen, Dipl.
Arb. Wien 2008, 181f, 210, 240–245, 247f, 251, 256–258, 260f, 266–269, 282f, 290,
302f.

widersprüchliche Informationen zu finden.[82] So werden die *stellae nebulosae* zunächst[83] als außerhalb der Milchstraße gelegene Objekte, kurz später[84] allerdings als Teile der Milchstraße bezeichnet. Dies ist jedoch kein offensichtlicher Widerspruch, sondern eine aufgrund des damaligen Forschungsstands unexakte Darstellungsweise des Faktums, dass *stellae nebulosae* sowohl außerhalb als auch innerhalb der Milchstraße beobachtet werden können. Da Biwald diese Angaben von Lalandes *Astronomie* übernahm, in welcher die *nébuleuses* auch zuerst[85] als außerhalb der Galaxis befindliche Phänomene, dann[86] als kleine Teile der Milchstraße angeführt werden, ist die Grundlage dieser Diskrepanz der Informationen eher Lalande bzw. dem damaligen Wissensstand als Biwald zuzuschreiben.[87] Im Vergleich zu Lalande tritt die Widersprüchlichkeit der Angaben über die *stellae nebulosae* bei Biwald jedoch deutlicher hervor, denn in Lalandes *Astronomie* liegen drei Seiten zwischen den erwähnten Fakten über die *nébuleuses*, während sich in der *Physica Generalis* nur ein kurzes Scholion zwischen diesen Informationen befindet.

Den *annulus lucidus* führt Biwald zuerst[88] als ein bei totalen Sonnenfinsternissen, später[89] als ein bei ringförmigen Sonnenfinsternissen beobachtbares Phänomen an.[90] Diese Informationen bezog der Autor aus Paulians *Dictionnaire de physique*, in dem jedoch bei den Ausführungen über die Sonnenatmosphäre, wo in der *Physica Generalis* der Begriff *annulus lucidus* verwendet wird, nur die Rede von

---

[82] Auch die von Biwald (pp. 330f) vorgebrachten möglichen Erklärungen bezüglich des Wesens der *stellae novae* bzw. *mutabiles* scheinen im Widerspruch zur Begriffsbedeutung zu stehen, allerdings sind die betreffenden Erläuterungen bzw. Mutmaßungen (cf. auch unten) als Produkt des damaligen Forschungsstandes und nicht als Unstimmigkeiten zu beurteilen.

[83] Biwald, Physica Generalis, pp. 331f.

[84] Biwald, Physica Generalis, p. 332.

[85] Lalande, Astronomie, tom. 1, liv. 3, p. 216.

[86] Lalande, Astronomie, tom. 1, liv. 3, p. 219.

[87] An dieser Stelle ist zwar von einer unreflektierten Übernahme der Informationen über die *stellae nebulosae* durch Biwald auszugehen, die aufgrund der oben genannten Gründe aber nicht dem Autor selbst anzulasten ist.

[88] Biwald, Physica Generalis, p. 350.

[89] Biwald, Physica Generalis, p. 424.

[90] Dass der bei totalen und der bei ringförmigen Sonnenfinsternissen beobachtbare *annulus lucidus* nach Biwalds Verständnis dasselbe Phänomen darstellt, geht aus dem Verweis auf p. 424 nach oben (p. 350) zur ersten Erwähnung des *annulus* hervor.

einer bestimmten *lumiére* ist.[91] Jener Ausdruck, welcher der lateinischen Bezeichnung entspricht, nämlich der Begriff *anneau de lumi-
re*, ist bei Paulian unter dem Stichwort *éclipse de soleil* zu finden.[92]
Biwald übernahm zwar die Informationen aus seiner Quelle sorgfältig,
aber durch seine eigenständige Verwendung der Bezeichnung *annulus
lucidus* im Kapitel über die Sonnenatmosphäre und seinen späteren
Verweis[93] darauf ergibt sich ein Widerspruch. Denn dass es sich bei
dem bei totalen Sonnenfinsternissen beobachtbaren *annulus lucidus*
nicht um dasselbe Phänomen wie um jenes bei ringförmigen zu sehende
handeln kann, zeigt sich bei Sonnenfinsternisbeobachtungen bereits
mit den einfachsten Hilfsmitteln.[94]

3. Die Verwendung von Synonyma

Als besonderes Element zum Zweck einer verdeutlichenden und
systematischen Erklärung von *termini technici* gibt Biwald zu einer
Reihe von astronomischen Begriffen Synonyma an bzw. verwendet für

---

[91] Paulian, Dictionnaire de Physique, tom. 1, p. 166, s. v. Atmosphére solaire: *Dans
les Éclipses totales de Soleil, on voit autour du disque de cet Astre une lumiére de 6 à 8
doigts de largeur, très-vive, & d'autant plus vive qu'elle approche davantage du Soleil,
d'où elle va en diminuant, jusqu'à ce qu'elle se perde dans le ciel; [. . .].*
[92] Paulian, Dictionnaire de Physique, tom. 2, p. 9, s. v. Éclipse de soleil: *Enfin une
Éclipse de Soleil est annulaire, lorsque l'on voit un anneau de lumiére répandu au-tour
du Globe de la Lune; [. . .].*
[93] cf. Anm. 84.
[94] Zwar verwendet auch Mako (Compendiaria Physicae Institvtio, pars 1, p. 267) die
Bezeichnung *annulus* im Zusammenhang mit totalen Sonnenfinsternissen, hier bezieht
sich dieser Begriff allerdings nur auf den inneren Bereich der Korona, und es wird nicht
auf den an früherer Stelle (Compendiaria Physicae Institvtio, pars 1, p. 209) bei den
ringförmigen Sonnenfinsternissen erwähnten *annulus lucidus* als gleiches Phänomen
verwiesen: *Nam praeter arctissimum illum, ac lucidiorem annulum, qui in totalibus
etiam eclipsibus discum cingere animaduertitur, videtur insuper spatium aliud
lucidum multo latius, quod lunari atmosphaerae non posse attribui, [. . .]; aptissime
autem tribuitur solari, [. . .].* (Im Übrigen geht aus Makos Definition von ringförmigen
Sonnenfinsternissen das Verständnis des bei diesem Phänomen zu beobachtenden
annulus lucidus als sichtbarer Teil des Sonnenkörpers hervor (Compendiaria Physice
Institvtio, pars 1, p. 209): *Si in ellipsi* [sic] *plena totum solis discum luna non contegat,
annulus quidam lucidus ex sole adparet, vnde eclipsis eiusmodi nomen* annularis
traxit.) Da die in der *Physica Generalis* zu diesem Thema gegebenen Informationen
sowie auch der Wortlaut jedoch ausschließlich mit den entsprechenden Passagen in
Paulians *Dictionnaire* korrelieren, ist ein Bezug Biwalds auf Mako hierbei un-
wahrscheinlich; dass Biwald aber eine umfassende Kenntnis der *Compendiaria
Physicae Institvtio* besaß und sie evidentermaßen für die Formulierungen anderer
Stellen seines Werks verwendete, zeigt sich aus dementsprechenden inhaltlichen und
sprachlichen Analysen.

bestimmte Bezeichnungen verschiedene, gleichbedeutende Ausdrücke ohne nähere Erläuterung, woraus sich folgende drei Hauptkategorien von synonymen Termini auflisten lassen: Erstens benützt der Autor aus dem Griechischen abgeleitete Fachausdrücke, für die er lateinische Begriffsprägungen anführt. Bei der nächsten Hauptgruppe von Synonyma handelt es sich um lateinische Begriffe, für die lateinische Alternativbezeichnungen angegeben werden. Die letzte Kategorie von Synonyma des astronomischen Teils der *Physica Generalis* stellen Ausdrücke dar, für welche Biwald andere gleichbedeutende Begriffe verwendet, ohne auf deren Bedeutung als Alternativbezeichnungen hinzuweisen.

Zur ersten Gruppe von Synonyma zählen die Verbindungen *planetae seu stellae mobiles seu stellae errantes* (pp. 326f),[95] *systemata, aut, si dicere velis, mundi* (p. 328), *horizon seu circulus terminator* (p. 374),[96] *Arctos sive ursa* (p. 375),[97] *Zodiacus sive circulus animalium* (p. 377),[98] *tropici seu versores* (p. 377),[99] *tropicum sive punctum*

---

[95] Die Bezeichnung *planeta* geht auf den entsprechenden griechischen Ausdruck πλανήτης bzw. πλάνης zurück (cf. ThlL X,1 Fasc. XV, 2308), während es sich bei den Termini *stella mobilis* und *stella errans* um lateinische Begriffsprägungen handelt. (Cf. Hyg. astr. 2,42: *de stellis quinque, quas complures ut erraticas, ita planetas Graeci dixerunt.*)

[96] Cf. Cic. div. 2,92 (*orbes qui caelum quasi medium dividunt et aspectum nostrum difiniunt, qui a Graecis* ὁρίζωντες *nominantur, a nobis finientes [...] nominari possunt*) | Sen. nat. 5, 17, 13 (*[...] hunc circulum Graeci* ὁρίζωντα *vocant, nostri finitorem dixerunt, alii finientem.*) | Sen. nat. 5, 17, 4 (ὁρίζων *sive finiens circulus*).

[97] Cf. Germ. 25 (*sive Arctoe seu Romani cognominis Ursae Plaustraque*); die Verwendung der Begriffe *Arctos* bzw. *Arctus* und *Ursa* als Synonyma in der lateinischen Literatur geht auch aus Prob. Verg. georg. 1,233 (*Arctos, id est Ursas*) hervor.

[98] Die Bezeichnung *zodiacus* ist in der lateinischen Literatur u. a. auch bei Gell. 13,9 (*Stellae istae ita circuli, qui zodiacus dicitur, istae locataeque sunt, [...]*) und Hyg. astr. 1,7 (*In finitione mundi circuli sunt paralleli quinque in quibus tota ratio sphaerae consistit, praeter eum qui zodiacus appellatur;*) zu finden, während der häufiger gebrauchte, lateinische Begriff *signifer orbis* lautet (cf. z. B. Lucr. 5,690 | Cic. Arat. 317 | Cic. div. 2,42 | Plin. nat. 2,177).

[99] Cf. Hyg. astr. 1,6 (*circulus [...] qui* θερινός τροπικός *appellatur ideo quod sol, cum ad eum circulum pervenit, aestatem efficit eis qui in aquilonis finibus sunt, hiemem autem eis quos austri flatibus oppositos ante diximus; praeterea, quod ultra eum circulum sol non transit sed statim revertitur, tropikos est appellatus.*) und Aegidius FORCELLINI, Tropicus, in: Lexicon Totius Latinitatis ab Aegidio Forcellini Seminarii Patavini Alumno lucubratum deinde a Iosepho Furlanetto eiusdem Seminarii Alumno emendatum et auctum nunc vero curantibus Francisco Corradini et Iosepho Perin Seminarii Patavini item Alumnis emendatius et auctius melioremque in formam redactum Tom. III curante Francisco Corradini cum appendice Iosephi Perin Patavii Typis Seminarii M CM XXXX, 815: „*Tropicus*, quasi dicas conversivus: a τρέπω verto, [...]".

solstitiale (p. 377), *perihelium vel apsis ima* (p. 379) und *aphelium vel apsis summa* (p. 379).[100] Die auf das Griechische zurückgehenden Bezeichnungen stellen die gemeinhin etablierten Termini dar, was sich auch daraus erkennen lässt, dass diese in der *Physica Generalis* nach der Erwähnung der entsprechenden lateinischen Ausdrücke, die zwecks einführender, genauerer Erklärung bei den Begriffsdefinitionen vorgenommen wird, durchwegs benützt werden. In dieser Vorgehensweise stimmt Biwald mit seinen Quellen überein, Abweichungen der *Physica Generalis* von ihren Vorlagen bzw. eigene Begriffsbildungen des Autors, die sein Sprachgeschick illustrieren, sind aber bei der Angabe bestimmter Synonyma zu bemerken. Was die *planetae* betrifft, so konnte Biwald die Alternativbezeichnung *stellae errantes* aus Jaszlinszkys,[101] Makos[102] oder Keills[103] Werken entnehmen,[104] bei dem Begriff *stellae mobiles* scheint es sich hingegen um eine erklärende Übersetzung des griechischen πλανήτης bzw. πλάνης von Biwald selbst zu handeln.[105] Auch die Verwendung der Bezeichnungen *systemata* und *mundi* in synonymer Bedeutung ist in den Quellen der

---

[100] Zur Verwendung des Wortes *apsis* cf. Plin. nat. 2,63 (*circulorum, quos Graeci ἁψῖδας in stellis vocant; etenim Graecis utendum erit vocabulis*) | Plin. nat. 2,64 (*igitur a terrae centro apsides altissimae sunt Saturno in scorpione, Iovi in virgine, Marti in leone, soli in geminis, Veneri in sagittario, Mercurio in capricorno, lunae in tauro, mediis omnium partibus, et e contrario ad terrae centrum humillimae atque proximae.*) | Plin. nat. 2,70 (*in summas apsidas*).

[101] Jaszlinszky, Institutionum Physicae Pars Altera, p. 15.

[102] Mako, Compendiaria Physicae Institvtio, pars 1, p. 179.

[103] Keill, Introductiones ad Veram Physicam et Veram Astronomiam, p. 239.

[104] Nicht exakt die Bezeichnung *stellae errantes*, sondern die Begriffe *errantes* und *errantia sydera* gibt Du Hamel (Philosophia Vetus et Nova, tom. 5, p. 16 bzw. p. 66) als Synonyma für die *planetae* an.

[105] Als Bezeichnung für die *planetae* wird in den Quellen auch der Begriff *stellae erraticae* verwendet (cf. Dalham, Institutiones Physicae, tom. 3, p. 227 und Christian WOLFF, Elementa Matheseos Universae. Tomus III, Qui opticam, perspectivam, catoptricam, dioptricam, sphaericam et trigonometriam sphaericam atque astronomiam tam sphaericam, quam theoricam complectitur. Autore Christiano L. B. de Wolff, Potentissimi Borussorum Regis Consiliario Intimo, Fridericianae Cancellario et Seniore, juris naturae et gentium atque matheseos Professore Ordinario, Professore Petropolitano Honorario, Academiae Regiae Scientiarum Parisinae, Londinensis ac Borussicae et Bononiensis membro. Editio nova priori multo auctior et correctior. Cum Privilegio Sacrae Caesareae Majestatis et Ploniarum Regis et Saxoniae Electoris. Halae Magdeburgicae, prostat in officina Rengeriana Anno MDCCLIII, p. 454). Redlhamer (1755: p. 27) führt auch den Terminus *erratica [sidera]* an, Keill (1742: p. 238) benützt ferner die Bezeichnung *errones* und Lalande (1764: tom. 1, liv. 1, p. 50) gibt als Begriffserklärung für die *planetes* die Verbindung „Πλανήτης, *erraticus, parce que ce sont des astres errans dans le ciel.*" an. Der Ausdruck *stellae mobiles* ist hingegen in keiner Quelle zu finden.

Physica Generalis nicht zu finden. Ebenso wird der Terminus *circulus terminator* in keiner von Biwalds Vorlagen benützt, höchstwahrscheinlich zog der Autor hierbei Dalhams *Institutiones Physicae* zur Rate, in denen an entsprechender Stelle[106] der Ausdruck *Terminator* verwendet wird, und fügte zwecks Verdeutlichung den Begriff *circulus* hinzu. Was die Junktur *Arctos sive ursa* betrifft, die in der *Physica Generalis* zur Bezeichnung der *ursa minor* verwendet wird, so ist ein Bezug zu Lalandes *Astronomie* gegeben, in der unter anderem auch diese beiden Benennungen des Sternbilds angeführt werden.[107] Die Bezeichnung *circulus animalium* wiederum ist in keinem von Biwalds Quellenwerken zu finden, möglicherweise inspirierten den Autor Lalandes Erklärung „Ζώδιον, *animal*",[108] Redlhamers Erläuterung *quae Zona [=Zodiacus] nomen habet a graeca voce ζώδιον animal significante*[109] und Du Hamels Verwendung des Ausdrucks *circulus*[110] bei der Definition des *Zodiacus* zu dieser Begriffsbildung. Für den Terminus *versores* bezog sich Biwald auf Redlhamers *Philosophiae Tractatus Alter*, in welchem als Synonym zu den *tropici* die Bezeichnung *versorii* angegeben wird.[111] Im Zusammenhang mit der Junktur *tropicum sive punctum solstitiale* ist wiederum eine Orientierung des Autors an einer entsprechenden Erklärung Lalandes[112] wahrscheinlich. Die einzigen Synonyma dieser Kategorie, bei denen Biwald keine von ihm selbst stammenden Formulierungen verwendet, stellen die Wortgruppen *perihelium vel apsis ima* und *aphelium vel apsis summa* dar, die er von Mako[113] in nahezu ebendieser Form übernehmen konnte.

Auch bei einer weiteren Verbindung, in welcher die lateinische Bezeichnung zwar zuerst erwähnt wird, aber der auf das Griechische zurückgehende Terminus den in der *Physica Generalis* durchgängig verwendeten Ausdruck darstellt, griff Biwald auf den entsprechenden

---

[106] Dalham, Institutiones Physicae, tom. 3, p. 55.

[107] Lalande, Astronomie, tom. 1, liv. 3, p. 168.

[108] Lalande, Astronomie, tom. 1, liv. 1, p. 27.

[109] Redlhamer, Philosophiae Tractatus Alter, p. 114.

[110] Du Hamels Definition des *Zodiacus* (Philosophia Vetus et Nova, tom. 5, p. 44) ist jedoch nicht ganz exakt: *[…] circulus qui Zodiacus, aut ecliptica dicitur, quique sit planetarum orbita, in sphaera describitur.* Erst auf p. 47 folgt mit der Junktur *à media Zodiaci linea, quam eclipticam vocant* eine genaue Angabe.

[111] Redlhamer, Philosophiae Tractatus Alter, p. 115: *Dicuntur tropici, seu versorii, quia sol ad eos perveniens ultra non progreditur, […].*

[112] Lalande, Astronomie, tom. 1, liv. 1, p. 26: *Les tropiques touchent l'écliptique, & se confondent avec ce cercle dans les points solstitiaux;*

[113] Mako, Compendiaria Physicae Institvtio, pars 1, p. 182.

Wortlaut in einer seiner Quellen zurück. Hierbei handelt es sich um die
Formulierung *bisectus seu dichotomus* (p. 365),[114] die in Keills *Introductiones Ad Veram Physicam Et Veram Astronomiam*[115] in gleicher Weise wie bei Biwald angeführt wird.

Ein umgekehrter Fall, das heißt die Verwendung einer lateinischen
Begriffsprägung als übliche Bezeichnung und die Angabe eines gleichbedeutenden, auf ein griechisches Wort zurückgehenden Terminus, tritt
in der *Physica Generalis* mit der Junktur *constellatio aut asterismus*
(p. 329) auf. Die Einführung dieser beiden Begriffe als Synonyma
konnte Biwald aus einigen Quellen beziehen – so sind dementsprechende Passagen bei Dalham,[116] Jaszlinszky,[117] Keill,[118] Lalande,[119]
Redlhamer[120] und Scherffer[121] zu finden. Da aber bezüglich des
Aspekts, welche dieser beiden Bezeichnungen in den jeweiligen Werken die allgemein gebräuchliche bzw. durchgängig verwendete ist,
Differenzen bestehen und der Terminus *constellatio* nur von Redlhamer und Lalande als gängiger Ausdruck benützt wird, griff Biwald
hierbei primär auf diese beiden Quellen zurück, wobei er sich enger an
Redlhamers *Philosophiae Natvralis Pars II* orientierte, in welcher die
Begriffe *constellatio* und *asterismus* auf in mit der *Physica Generalis*
vergleichbare Weise als gleichbedeutende Bezeichnungen eingeführt
werden.[122]

Eine weitere singuläre Erwähnung eines bestimmten Synonyms,
nämlich eines aus dem Arabischen stammenden Ausdrucks, ist im
astronomischen Teil der *Physica Generalis* in der Verbindung *punctum
verticale seu Zenith* (p. 375) zu finden. Von diesen Begriffen stellt die
Bezeichnung *Zenith* den gebräuchlicheren Terminus in Biwalds Werk
dar. Auch die Einführung dieser beiden Ausdrücke als Synonyme geht
nicht auf den Autor selbst zurück, denn er konnte eine dementspre-

---

[114] Für den genuin lateinischen Begriff *bisectus* sowie für den vom griechischen
διχότομος abgeleiteten Ausdruck *dichotomus*, die Biwald zur Bezeichnung der
„halben Erscheinungsform" (*dimidiata*) des Mondes verwendet cf. Mart. Cap.
7,738 (*primo est luna corniculata, quam menoidem Graeci vocant, deinde medilunia,
quam dichotomon*).

[115] Keill, Introductiones ad Veram Physicam et Veram Astronomiam, p. 285.
[116] Dalham, Institutiones Physicae, tom. 3, p. 260.
[117] Jaszlinszky, Institutiones [sic] Physicae Pars Prima, p. 64.
[118] Keill, Introductiones ad Veram Physicam et Veram Astronomiam, p. 255.
[119] Lalande, Astronomie, tom. 1, liv. 3, p. 147.
[120] Redlhamer, Philosophiae Natvralis Pars II, p. 83.
[121] Scherffer, Institutionum Physicae Pars Secunda, p. 55.
[122] Lalande (Astronomie, tom. 1, liv. 3, p. 147) führt den Begriff *Astérisme* nicht
gleich bei der Definition der *Constellations* an, sondern erwähnt ihn nur bei der
Auflistung verschiedener Bezeichnungen derselben als Hipparchs Benennung.

chende Wortgruppe aus Wolffs *Elementa Matheseos Universae*[123]
übernehmen; Im Übrigen wäre hierbei auch ein Bezug auf Jaszlinszkys
Institutionum Physicae Pars Altera[124] möglich.

Bei der nächsten Hauptgruppe von Synonyma – lateinischen Begriffen, für die Biwald lateinische Alternativbezeichnungen anführt –
sind die Verbindungen *stellae novae ... alias mutabiles* (p. 330),
Cometae corpus (quod alii nucleum vocant) (p. 359), *aspectus quadratus seu quadratura* (p. 365), *horizon sensibilis seu physicus* (p. 375),
horizon rationalis seu mathematicus (p. 375), *Arcitenens sive Sagittarius* (p. 377), *stellae fixae, quas Soles totidem esse* (p. 384) und
nutatio sive deviatio (p. 428) zu nennen.[125] Was die ersten beiden
Wortgruppen betrifft, so stellen die Termini *stellae novae* und *corpus*
die in der *Physica Generalis* – abgesehen von der Einführung der
Synonyma – durchgängig verwendeten Ausdrücke dar, zumal Biwald
außerdem die Begriffe *mutabiles* und *nucleus* als in anderen Werken
gebrauchte Bezeichnungen angibt. Hierbei zeigt sich die durchaus
fundierte Recherche des Autors, denn von den Quellen der *Physica
Generalis* ist nur bei Lalande[126] mit der Überschrift *Des Étoiles
Nouvelles ou Changeantes* ein entsprechender Hinweis auf die Gleichbedeutung dieser beiden Termini nachweisbar, Biwalds Anmerkung
alias deutet aber auf eine genaue Durchsicht der relevanten Passagen

---

[123] Wolff, Elementa Matheseos Universae, tom. 3, p. 457: Zenith *seu* punctum
verticale.

[124] Jaszlinszky, Institutiones [sic] Physicae Pars Prima, p. 6: Punctum verticale
Arabibus zenith.

[125] Auch die Begriffe *fasciae* und *maculae* (p. 337) werden im Zusammenhang mit
dunklen Strukturen auf der Oberfläche des Jupiter als Synonyma eingeführt, sie
beziehen sich jedoch nicht auf dasselbe Phänomen, was sich aus einer Betrachtung
von Fig. 100 und Fig. 101 zeigt. Dass die Bezeichnung *maculae* einen gebräuchlicheren
Begriff darstellt, unter den sich auch die *fasciae* einordnen lassen, geht aus den
Ausführungen auf p. 338 hervor, wo in der Randbemerkung der Ausdruck *maculae
Saturni* angeführt wird, im Text dieses Abschnitts hingegen nur der Terminus *fasciae* zu
finden ist. – Diese Verwendung der Bezeichnungen *fasciae* und *maculae* ist
wahrscheinlich von Dalham (Institutiones Physicae, tom. 3, p. 249: *Maculae Jovis
constant ex taeniis seu fasciis [...].*) oder Scherffer (Institutionum Physicae Pars
Secunda, p. 76: *fascias maculosas* bei Saturn) beeinflusst. (Redlhamer (Philosophiae
Natvralis Pars II, p. 103) und – noch genauer – Keill (Introductiones ad Veram
Physicam et Veram Astronomiam, pp. 253f) differenzieren hingegen im heutigen
Sinne bei der Verwendung der Begriffe *fasciae* und *maculae*.)

[126] Lalande, Astronomie, tom. 1, liv. 3, p. 207.

bei Dalham,[127] Jaszlinszky,[128] Keill,[129] Redlhamer,[130] Scherffer[131] und Mako[132] hin – denn die ersten fünf Autoren verwenden ausschließlich den Begriff *stellae novae*, während in Makos *Compendiaria Physicae Institvtio* der Ausdruck *stellae mutabiles* zu finden ist, wodurch die Bemerkung *alias* zur Einführung eines in den Quellen nicht derartig häufig benützten Fachausdrucks eine gute Möglichkeit zu einem Hinweis auf die untergeordnete Bedeutung bzw. Gebräuchlichkeit der Alternativbezeichnung darstellt. Eine auf Biwald zurückgehende und bezüglich der Verwendung eines bestimmten Synonyms wertende Darstellungsweise, die von seinen Vorlagen differiert, ist auch bei den Termini *Cometae corpus* und *nucleus* bemerkbar. Zwar führt Redlhamer[133] diese beiden Begriffe ebenfalls als Synonyma ein, aber er stellt sie neutral nebeneinander und gibt als Alternativbezeichnung zusätzlich den Ausdruck *caput* an. Außerdem ist der Terminus *nucleus* bei Redlhamer im Unterschied zur *Physica Generalis* der gängigste der drei Begriffe, was daraus hervorgeht, dass dieser als einzige Bezeichnung kursiv gesetzt ist und zudem in weiterer Folge als einzige Benennung für dieses Phänomen verwendet wird. Daraus, dass Biwald den Ausdruck *caput* bei den *cometae* – sicherlich deswegen, weil dieser Terminus in seinen Quellen in verschiedenen Differenzierungen verwendet wird[134] – nicht anführt, zeigt sich wiederum die auf sein Zielpublikum bezogene, adäquate Auswahl von Informationen aus seinen Quellen und die somit sinnvolle Beschränkung auf die Erwähnung wesentlicher bzw. eindeutig definierter Fachbegriffe. Denn der Ausdruck *corpus* wird im Zusammenhang mit den *cometae* auch bei Dalham[135] und Keill[136] verwendet, bei den *alii*,

---

[127] Dalham, Institutiones Physicae, tom. 3, p. 266.

[128] Jaszlinszky, Institutiones [sic] Physicae Pars Prima, p. 70.

[129] Keill, Introductiones ad Veram Physicam et Veram Astronomiam, p. 262.

[130] Redlhamer, Philosophiae Natvralis Pars II, p. 29.

[131] Scherffer, Institutionum Physicae Pars Secuna, p. 66.

[132] Mako, Compendiaria Physicae Institvtio, pars 1, p. 265.

[133] Redlhamer, Philosophiae Natvralis Pars II, p. 126.

[134] Im Unterschied zu Redlhamer (Philosophiae Natvralis Pars II, p. 126) und auch Dalham (Institutiones Physicae, tom. 3, p. 269) verwenden Scherffer (Institutionum Physicae Pars Secuna, p. 108) und Jaszlinszky (Institutiones [sic] Physicae Pars Prima, p. 73) den Begriff *caput* zur Bezeichnung des Kometenkopfs.

[135] Dalham, Institutiones Physicae, tom. 3, p. 269.

[136] Keill, Introductiones ad Veram Physicam et Veram Astronomiam, p. 364.

welche die Bezeichnung *nucleus* benützen,[137] handelt es sich um Jaszlinszky[138] und Mako.[139]

Von den Termini *aspectus quadratus* und *quadratura* wird der erste in der *Physica Generalis* als gemeinhin üblicher Begriff eingeführt, was sich auch daran erkennen lässt, dass dieser bei seiner Definition (im Unterschied zur Alternativbezeichnung) kursiv gesetzt ist. Die Formulierung *aspectus quadratus seu quadratura* konnte Biwald aus einer seiner Quellen, nämlich von Keill,[140] beziehen, der diese Verbindung auch im Zusammenhang mit dem Mond verwendet.

Da die Ausdrücke *sensibilis* und *physicus* bzw. *rationalis* und *mathematicus* in der *Physica Generalis* im Zusammenhang mit dem *horizon* nur bei der jeweiligen Begriffsdefinition verwendet werden, sind Angaben über die Gebräuchlichkeit der jeweiligen Termini unmöglich. Für den *horizon sensibilis* wird in den Quellen[141] als erklärendes Synonym häufig der Ausdruck *horizon apparens* gebraucht, bei der Erwähnung der Bezeichnung *physicus* orientierte sich Biwald aber an B. Hausers *Elementa Philosophiae*,[142] in welchen an entsprechender Stelle auch die beiden Bezeichnungen *physicus* und *sensibilis* angegeben werden.[143] Ebenso wird für den *horizon rationalis* im Allgemeinen[144] ein anderes Synonym als der Begriff *mathematicus*, nämlich der Ausdruck *verus*, verwendet. Biwald griff hierbei jedoch auf La-

---

[137] Bei Scherffer (Institutionum Physicae Pars Secunda, p. 112) sind sowohl der Begriff *corpus* als auch die Bezeichnung *nucleus* zu finden.

[138] Jaszlinszky, Institutiones [sic] Physicae Pars Prima, p. 73.

[139] Mako, Compendiaria Physicae Institvtio, pars 1, p. 181.

[140] Keill, Introductiones ad Veram Physicam et Veram Astronomiam, p. 285.

[141] Dalham, Institutiones Physicae, tom. 3, p. 55. | Jaszlinszky, Institutiones [sic] Physicae Pars Prima, p. 7. | Scherffer, Institutionum Physicae Pars Secunda, p. 6.

[142] Berthold HAUSER, Elementa Philosophiae Ad Rationis Et Experientiae ductum conscripta, Atque Usibus Scholasticis accommodata a P. Bertholdo Hauser, S. J. In Episcopali Universitate Dilingana Sacrae Linguae Professore. Tomus VI. Physica Particularis. Partis Posterioris Volumen I. Cum Privilegio Caesareo, et Superiorum Facultate. Augustae Vind. & Oeniponti, Sumptibus Josephi Wolff, Bibliopolae, MDC CLXII, p. 104.

[143] Im Unterschied zur *Physica Generalis* wird der Begriff *Horizon Physicus* in Hausers *Elementa Philosophiae* als erste Bezeichnung eingeführt und stellt die allgemein gebräuchliche Benennung dar, während die Ausdrücke *sensibilis* und *apparens* als Synonyme erwähnt werden.

[144] Dalham, Institutiones Physicae, tom. 3, p. 55. | Hauser, Elementa Philosophiae, tom. 6, p. 104. | Jaszlinszky, Institutiones [sic] Physicae Pars Prima, p. 7. | Scherffer, Institutionum Physicae Pars Secunda, p. 6. (In Hausers *Elementa Philosophiae* (p. 104) wird der Begriff *Horizon Astronomicus* als gängigster Terminus eingeführt – die Ausdrücke *rationalis* und *verus* werden als Alternativbezeichnungen angegeben.)

landes Astronomie[145] zurück, in welcher mit der Wortgruppe *horison rationel ou mathématique* eine der Passage in der *Physica Generalis* entsprechende Formulierung zu finden ist. Bei der Angabe dieser Synonyma zeigt sich somit Biwalds genaue Arbeitsweise in der Quellensondierung, denn er wählt die ihm sinnvoll erscheinenden Begriffe aus seinen Vorlagen aus und führt nicht wahllos jene Alternativbezeichnungen an, die in demselben Werk für den *horizon sensibilis* und den *horizon rationalis* erwähnt werden.

Was die Verbindung *Arcitenens sive Sagittarius* betrifft, so bezog sich Biwald wahrscheinlich auf Scherffers *Institutionum Physicae Pars Secunda*, in welcher auf p. 4 zuerst der Begriff *Sagittarius* und dann in dem Merkspruch[146] für die Zodiakalsternbilder der Terminus *Arcitenens* verwendet wird.[147] Der ausdrückliche Hinweis auf die Synonymität dieser beiden Ausdrücke durch deren Verbindung mit *sive* geht jedoch auf Biwald selbst zurück.

Bei der Bezeichnung der *stellae fixae* als *Soles* konnte Biwald auf einige Quellen zurückgreifen, so sind entsprechende Passagen bei Dalham,[148] Keill,[149] Mako,[150] Scherffer[151] und Wolff[152] zu finden.

Das Synonym *deviatio* für die *nutatio* scheint Biwald ohne Bezug auf eine Vorlage eingeführt zu haben, denn in den Quellen ist keine entsprechende Formulierung zu finden.

Zur letzten Hauptgruppe der Synonyma des astronomischen Teils der *Physica Generalis* – gleichbedeutenden Begriffen, die nicht als Alternativbezeichnungen eingeführt werden – zählen die Termini *universum* (p. 324)[153] bzw. *mundus* (p. 326), *Terra* (p. 326) bzw. *Tellus*

---

[145] Lalande, Astronomie, tom. 1, liv. 1, p. 5.

[146] Auch in Du Hamels *Philosophia Vetus et Nova* (p. 45) und Jaszlinszkys *Institutionum Physicae Pars Altera* (p. 8) ist dieser Merkspruch zu finden, der Begriff *Sagittarius* wird aber in keinem von beiden Werken an entsprechender Stelle erwähnt.

[147] Auch in Redlhamers *Philosophiae Tractatus Alter* (pp. 114f) sind die Begriffe *Sagittarius* und *Arcitenens* zu finden, da Biwalds Präsentation der Inhalte in diesem Zusammenhang jedoch eher Scherffers Gestaltung als jener Redlhamers entspricht, ist an dieser Stelle von einer primären Orientierung des Autors der *Physica Generalis* an der *Institutionum Physicae Pars Altera* zu sprechen.

[148] Dalham, Institutiones Physicae, tom. 3, p. 259.

[149] Keill, Introductiones ad Veram Physicam et Veram Astronomiam, p. 247.

[150] Mako, Compendiaria Physicae Institvtio, pars 1, p. 264.

[151] Scherffer, Institutionum Physicae Pars Secunda, p. 59.

[152] Wolff, Elementa Matheseos Universae, tom. 3, p. 753.

[153] Als verdeutlichende Bezeichnung verwendet Biwald für den Terminus *universum* im Einleitungskapitel des astronomischen Teils der *Physica Generalis* (p. 325) auch den Begriff *rerum universitas*.

(p. 328), *planetae secundarii* (p. 327) bzw. *satellites* (p. 327),[154] *astronomicus tubus* (p. 327) und *tubus* (p. 337) bzw. *telescopium* (p. 328) und *telescopium astronomicum* (p. 361), *galaxia* (p. 327) bzw. *via lactea* (p. 331), *primum punctum arietis* (p. 378) bzw. *primus arietis gradus* (p. 378) bzw. *verna sectio* (p. 435), *Caper* (p. 377) bzw. *Capricornus* (p. 377), *Amphora* (p. 377) bzw. *Aquarius* (p. 377) und *eclipsis totalis* (p. 423) bzw. *plena eclipsis* (p. 423). Die Bedeutungen der jeweils an zweiter Stelle aufgelisteten Begriffe gehen aus dem jeweiligen Kontext von Biwalds Ausführungen hervor, weshalb er diese auch nicht näher erklärt. Die Vorgehensweise bei der Verwendung der Begriffe *universum* bzw. *mundus*, *Terra* bzw. *Tellus* und *tubus* bzw. *telescopium* in der *Physica Generalis* stimmt mit jener in den Quellen[155] überein. Anders verhält es sich jedoch bei den *planetae secundarii* bzw. *satellites*, denn Dalham,[156] Keill[157] und Mako[158] führen diese Bezeichnungen als Synonyma an.[159] Auch Redlhamer[160] weist auf die Benennung der *planetae secundarii* als *satellites* hin.[161] Da bei der Darstellungsweise der Informationen und bei den Formulierungen ein gewisser Zusammenhang zwischen Redlhamers

---

[154] Im Zusammenhang mit den Trabanten des Saturn (p. 363) führt Biwald auch den Begriff *lunulae* als Synonym zu dem Terminus *satellites* ein. Da dieser Terminus in der *Physica Generalis* lediglich ein Mal zu finden ist, kann er nur in Bezug auf die Trabanten des Saturn als gleichbedeutend mit dem Begriff *satellites* verstanden werden.

[155] Zu *universum* bzw. *mundus* cf. Dalham, Institutiones Physicae, tom. 3, p. 1 bzw. p. 3. | Du Hamel, Philosophia Vetus et Nova, tom. 5, p. 3 bzw. p. 5. | 'sGravesande, Physices Elementa Mathematica, tom. 1, lib. 1, cap. 1, p. 1 bzw. p. 935. | Keill, Introductiones ad Veram Physicam et Veram Astronomiam, p. 236. | Mako, Compendiaria Physice Institvtio, pars 1, p. 178. | Redlhamer, Philosophiae Tractatus Alter, p. 105. Zu *Terra* bzw. *Tellus* cf. Du Hamel, Philosophia Vetus et Nova, tom. 5, p. 30. | 'sGravesande, Physices Elementa Mathematica, tom. 2, lib. 4, cap. 1, p. 574. | Keill, Introductiones ad Veram Physicam et Veram Astronomiam, p. 70 bzw. p. 245. | Mako, Compendiaria Physice Institvtio, pars 1, p. 180 bzw. p. 186. | Redlhamer, Philosophiae Tractatus Alter, p. 106. | Redlhamer, Philosophiae Natvralis Pars II, p. 4. | Scherffer, Institutionum Physicae Pars Secunda, p. 2. Zu *tubus* bzw. *telescopium* cf. Du Hamel, Philosophia Vetus et Nova, tom. 5, p. 111. | Redlhamer, Philosophiae Natvralis Pars II, p. 84. | Scherffer, Institutionum Physicae Pars Secunda, p. 68.

[156] Dalham, Institutiones Physicae, tom. 3, p. 210.

[157] Keill, Introductiones ad Veram Physicam et Veram Astronomiam, p. 240.

[158] Mako, Compendiaria Physice Institvtio, pars 1, p. 180.

[159] Keill (Introductiones ad Veram Physicam et Veram Astronomiam, p. 240) gibt außerdem den Begriff *lunae* als Synonym für die *planetae secundarii* an.

[160] Redlhamer, Philosophiae Natvralis Pars II, p. 100.

[161] Ferner gibt Redlhamer (Philosophiae Natvralis Pars II, p. 100) als Synonym für die *satellites* den Begriff *laterones* an.

Philosophiae Naturalis Pars II und der *Physica Generalis* feststellbar ist, orientierte sich Biwald hierbei primär an diesem Werk. Trotz dieses Bezugs präsentiert der Autor die betreffenden Inhalte in überlegter und eigenständiger Weise, denn er erwähnt den Ausdruck *satellites* bei der Einteilung der *planetae* eher beiläufig nur in der Wortgruppe *Saturni satellites*.[162]

Was die Begriffe *galaxia* und *via lactea* betrifft, mit denen im Übrigen ein Zusammenhang zu der oben besprochenen ersten Kategorie von Synonyma gegeben ist, wäre im Hinblick auf die sonstige systematische Verfahrensweise in der *Physica Generalis* bei der Definition der *via lactea* ein Hinweis auf den synonymen, aus dem Griechischen abgeleiteten Ausdruck *galaxia*[163] zu erwarten gewesen, zumal diese beiden Termini in einigen Quellen[164] als Alternativbezeichnungen angeführt werden. Biwald macht jedoch keine dementsprechende Bemerkung, sodass es der Auffassungsgabe der Leser überlassen bleibt, diese beiden Begriffe gemäß ihrer ähnlichen Erklärungen aus dem Text als Synonyma zu erschließen. Logischen Grund für das Unterlassen einer Angabe zur Gleichbedeutung dieser beiden Ausdrücke gibt es keinen, wahrscheinlich entging es Biwald, einen dementsprechenden Vermerk zu machen.

Bei den Termini *primum punctum arietis, primus arietis gradus* und *verna sectio* sind in der *Physica Generalis* gegenüber ihren Quellen hingegen wiederum gewisse positivere Aspekte, nämlich eigenständige Überlegungen des Autors zur Gestaltung einer exakteren Terminologie, feststellbar, denn nur bei Mako[165] ist hinsichtlich der Begrifflichkeit eine vergleichbare Passage zu finden, in der nicht die Bezeichnung *primum punctum arietis* oder *primus arietis gradus*, sondern der Ausdruck *arietis principium* benützt wird.

Für die Vorgehensweise bei der Verwendung der Termini *Caper* bzw. *Capricornus* und *Amphora* bzw. *Aquarius* orientierte sich Biwald an Scherffer[166] bzw. Jaszlinszky,[167] wobei er die Präsentation der Infor-

---

[162] Biwald, Physica Generalis, p. 327.

[163] So wird in der griechischen Literatur für die Galaxis u. a. der Terminus ὀγαλαξίας verwendet (z. B. Diod. 5,23 | Manetho 2,116). In der lateinischen Literatur lautet der entsprechende Begriff im Nominativ üblicherweise ebenso *galaxias* (cf. z. B. Macr. somn. 1, 4, 5: *lacteus circulus est, qui galaxias vocatur*).

[164] Dalham, Institutiones Physicae, tom. 3, p. 263. | Keill, Introductiones ad Veram Physicam et Veram Astronomiam, p. 257. | Lalande, Astronomie, tom. 1, liv. 3, p. 215. | Mako, Compendiaria Physice Institvtio, pars 1, p. 179. | Redlhamer, Philosophiae Natvralis Pars II, p. 84.

[165] Mako, Compendiaria Physice Institvtio, pars 1, p. 196.

[166] Scherffer, Institutionum Physicae Pars Secunda, p. 4.

[167] Jaszlinszky, Institutiones [sic] Physicae Pars Prima, p. 8.

mationen aus durchaus eigenen Gesichtspunkten heraus gestaltete. So bestehen zwischen der *Physica Generalis* und diesen beiden Vorlagen insofern Differenzen, als bei jenen Quellen zuerst die Begriffe *Capricornus* und *Aquarius* angeführt werden und erst danach die beiden Synonyma in dem bereits oben erwähnten Merkspruch für die Zodiakalsternbilder zu finden sind.[168]

Bei der Bezeichnung *plena eclipsis*, die in der *Physica Generalis* im Zusammenhang mit den Mondfinsternissen synonym zum Begriff *eclipsis totalis* verwendet wird, orientierte sich Biwald an keiner Quelle, sondern diese Begriffsprägung geht auf ihn selbst zurück – denn dieser Ausdruck ist in dieser Bedeutung in keinem Quellenwerk an entsprechender Stelle zu finden.

4. Die „Modernität" der Bezeichnungen

Daraus, dass die in der *Physica Generalis* verwendeten astronomischen Fachausdrücke zum Großteil den in der heutigen Wissenschaft gebräuchlichen Termini entsprechen (von denen sich im Übrigen auch viele von den lateinischen Bezeichnungen ableiten) gehen die in dieser Hinsicht fortschrittliche Verfahrensweise im 18. Jahrhundert und die diesbezüglich auch aus dem heutigen Blickwinkel gegebene Aktualität von Biwalds Werk hervor.[169] Aufgrund des damaligen Forschungsstandes sind dennoch einige signifikante Unterschiede bezüglich der Begrifflichkeit feststellbar, die sich vorwiegend dadurch ergeben, dass einige der bei Biwald angeführten Bezeichnungen gegenwärtig nicht mehr verwendet werden, anders bzw. exakter benannt sind, oder andere Einordnungen aufweisen. So wird zum Beispiel der Ausdruck *Astronomia Historica* (p. 324) in der Bedeutung

---

[168] Für den Bezug der *Physica Generalis* zu der entsprechenden Passage in Redlhamers *Philosophiae Tractatus Alter* (pp. 114f) gelten auch hier die bereits in Anm. 147 gemachten Feststellungen.

[169] Für eine umfangreiche Behandlung dieses Aspekts cf. Faustmann, Der astronomische Teil von Leopold Gottlieb Biwalds Physica Generalis, pp. 156–306.

„beschreibende Astronomie"[170] nicht mehr benützt, und auch der Begriff *quadrans* (p. 415) wird in der heutigen Wissenschaft im Zusammenhang mit der Bewegung des Mondes nicht mehr zur Bezeichnung der Bereiche zwischen den Syzygien und den Quadraturen verwendet.[171] Außerdem werden keine entsprechenden Termini zu den Begriffen *corpora totalia* (p. 324),[172] *systema* (p. 326) und *ordo universi* (p. 362), *systema Iovis* (p. 364) und *Saturni* (p. 364), *systema mundi* (p. 374),[173] *sphaera terrestris* (p. 374), *sphaera obliqua* (p. 375), *recta*

---

[170] Nach Biwalds Definition stellt die *Astronomia Historica* die Beschäftigung mit den Eigenschaften, der Anordnung und den Abständen der Himmelskörper zueinander dar. Gegenwärtig werden diese Gebiete nicht einem einzigen Bereich der Astronomie zugeordnet: Die Analyse der Eigenschaften der Himmelskörper geht am ehesten in die Richtung der modernen Planetologie, in deren Rahmen aber ausschließlich die Oberflächen von Planeten und Satelliten erforscht werden (cf. Joachim HERMANN, Planetologie, in: Das große Lexikon der Astronomie (2001, aktualis. Sonderausg. d. Orig. 1996), 263). Biwalds *Astronomia Historica* umfasst jedoch, wie bereits angedeutet, ein breiteres Spektrum, indem unter dieser Rubrik auch sämtliche weitere Parameter der Planeten und ebenso alle zu Biwalds Zeit bekannten Himmelskörper behandelt werden. Bei der Angabe der Anordnung sowie der Abstände der Himmelskörper zueinander handelt es sich in der heutigen Astronomie um keine relevanten Teilgebiete, die einem bestimmten Bereich zugeordnet wären.

[171] In der aktuellen astronomischen Terminologie wird zwischen dem ersten und dem letzten Viertel – zur Bezeichnung des zunehmenden und des abnehmenden Mondes – differenziert.

[172] Mit dem Begriff *corpora totalia* werden in der *Physica Generalis* gemäß der Bedeutung des Wortes *totalis* (cf. Charles du Fresne DU CANGE, Totalis, in: Totalis, in: Glossarium Mediae et Infimae Latinitatis Conditum a Carolo Du Fresne Domino Du Cange Auctum a Monachis Ordinis S. Benedicti Cum supplementis integris D. P. Carpenterii Adelungii, aliorum, suisque digessit G. A. L. Henschel Sequuntur Glossarium Gallicum, Tabulae, Indices Auctorum et Rerum, Dissertationes Editio Nova aucta pluribus verbis aliorum scriptorum A Léopold Favre Membre de la Société de l'Histoire de France et correspondant de la Société des Antiquaires de France. Tomus Octavus (1887), 138: „*Totalis, totus, integer.*") die festen bzw. ganzen Körper (der Welt) bezeichnet. Hiermit sind die Objekte des Universums, also die Himmelskörper, gemeint, wobei mit dem Begriff *corpora totalia* im Unterschied zu dem auch von Biwald verwendeten, allgemeineren Terminus *corpora coelestia* auf die spezifische Eigenschaft der Festigkeit dieser Körper hingewiesen wird.

[173] Den Ausdruck *systema* verwendet Biwald in den oben erwähnten Verbindungen zur Bezeichnung der (geordneten) Anordnung der Komponenten des Weltalls bzw. der Satelliten um Jupiter sowie Saturn. Der Begriff *ordo universi* hat eine allgemeinere Bedeutung, denn er bezieht sich auf das gesamte Weltall selbst bzw. auf dessen Charakteristikum als geordnetes Ganzes und weist nicht auf in bestimmter Weise angeordnete bzw. geordnete Strukturen des Universums hin. (Was die Bezeichnung *systema mundi* betrifft, so wird in der aktuellen Fachterminologie ein Analogon nur in einer anderen Bedeutung – die auch in der *Physica Generalis* zu finden ist – verwendet, nämlich als Begriff für bestimmte Auffassungen des Weltbildes wie beispielsweise das Ptolemäische oder das Kopernikanische System.)

(p. 376) und *parallela* (p. 376), *superficies sphaerae coelestis* (p. 381), *octans* (p. 415),[174] *linea quadraturarum* (p. 419) und *linea Syzygiarum* (p. 419), *libratio diurna* (p. 421), *libratio ab attractione terrae & figura lunae sphaeroidea* (p. 421),[175] *Zodiacus apparens et rationalis* (p. 425),[176] *quadraturae aequinoctiales* (p. 455), *Syzygiae aequinoctiales* (p. 455) und *solstitiales* (p. 455)[177] gebraucht. Zu jenen Bezeichnungen, welche in der heutigen Wissenschaft anders als in der *Physica Generalis* benannt sind, zählen die Ausdrücke *barba* (p. 359) für den Gegenschweif bei Kometen, *annus periodicus* (p. 426) für das siderische Jahr, *poli mundi* (p. 375) und *axis mundi* (p. 375) für Himmelspole und -achse und *primus meridianus* (p. 378) für den Nullmeridian. Bei jenen Begriffen, für die aktuell exaktere Benennungen

---

[174] Bei einem *octans* handelt es sich nach Biwalds Erklärung um jenen Punkt, der sich in der Mitte zwischen den Quadraturen und den Syzygien befindet. In der heutigen Wissenschaft zählen die *octantes* hingegen nicht zu den allgemein gebräuchlichen astronomischen Aspekten, weshalb es auch keine moderne Bezeichnung hierfür gibt.

[175] Bei der Angabe dieser beiden Gruppen von *librationes lunae*, die in der *Physica Generalis* nicht exakt definiert werden, beruft sich Biwald auf Lalandes *Astronomie* (tom. 2, liv. 20, p. 1226). Im Unterschied zu Lalandes ausführlicherer Beschreibung auch der *libration diurne* (tom. 2, liv. 20, pp. 1226–1228) beschränkt sich Biwald auf die Darlegung der *libratio lunae in longitudinem* und der *libratio lunae in latitudinem*, da diese bekannter seien. (Aus der entsprechenden Stelle in Lalandes *Astronomie* (tom. 2, liv. 20, pp. 1226f) geht hervor, dass sich die *libratio diurna* auf die Sichtbarkeit bestimmter Bereiche der Mondoberfläche beim Auf- bzw. Untergang des Mondes bezieht.)

[176] Zwar werden aktuell keine Analoga zu den Begriffen *Zodiacus apparens* und *Zodiacus rationalis* verwendet, aber dieser in der *Physica Generalis* angeführten Differenzierung entspricht die heutige Unterscheidung zwischen den Tierkreissternbildern und den Tierkreiszeichen. Denn die ersten stimmen mit Biwalds *signa Zodiaci apparentis* überein, während die nur in der Astrologie verwendeten Tierkreiszeichen der Präzession nicht Rechnung tragen und daher den *signa Zodiaci rationalis* entsprechen. (Auch eine weitere Einteilung der *signa*, nämlich jene in *signa ascendentia & verna* und *signa descendentia & hyemalia* (p. 377), wird aktuell nur in der Astrologie verwendet, wobei zu den Bezeichnungen *verna* und *hyemalia* gegenwärtig keine entsprechenden Begriffe gebräuchlich sind.) (Peter-Matthias GAEDE, Tierkreis, in: GEO Themenlexikon in 20 Bänden. Astronomie. Planeten, Sterne, Galaxien. 5 (2007), 716.)

[177] Bei den Verbindungen *quadraturae aequinoctiales*, *Syzygiae aequinoctiales* und *Syzygiae solstitiales* gilt, wie auch bei den Bezeichnungen *linea quadraturarum* und *linea Syzygiarum*, dass Entsprechungen zu den Begriffen *quadraturae* und *Syzygiae* aktuell ohne spezifischere Differenzierung gebräuchlich sind, aber keine *termini technici* zur Bezeichnung der Quadraturen bzw. der Syzygien zum Zeitpunkt der Äquinoktien, der Syzygien zum Zeitpunkt der Solstitien und der Verbindungslinien zwischen den Punkten der Quadraturen bzw. Syzygien verwendet werden.

als jene in der *Physica Generalis* verwendeten Termini gebräuchlich sind,
sind die Ausdrücke *refractio* (p. 382), *excentricitas* (p. 379) und *luminis
aberratio* (p. 380) zu nennen. So wird bei gleicher Begriffsbedeutung für
die erste Bezeichnung in der heutigen Fachterminologie der Ausdruck
atmosphärische bzw. astronomische Refraktion, für die zweite der
Terminus lineare Exzentrizität und für die dritte der Begriff jährliche
Aberration verwendet. Die Bezeichnungen *latitudo* (pp. 343f | p. 378),
longitudo (p. 378) und *aequator* (p. 334 | p. 375) werden in der *Physica
Generalis* für jeweils zwei Erscheinungen benützt, für die in der aktuellen
Terminologie genauere Differenzierungen bestehen – nämlich die
latitudo für die (ekliptikale) Breite sowie die geographische Breite, die
longitudo für die (ekliptikale) Länge sowie die geographische Länge und
der *aequator* für den Himmels- sowie den Erdäquator. Schließlich gibt
Biwald für zwei Phänomene, nämlich für den topozentrischen Ort und für
den Transit, keine Fachausdrücke an, da es zu seiner Zeit keine
gebräuchlichen Begriffe dafür gab.[178] So weist er auf die topozentrischen
Örter mit der Formulierung *loca syderum geonectrica* [sic] *relate* [sic] *ad
spectatorem in terrae superficie constitutum*[179] hin, zur Bezeichnung des
Transits verwendet er die (verdeutlichenden) Verbindungen *ante Solis
discum transire* (p. 363) und *per discum Solis transitus* (p. 364).

Was die Bedeutungen bestimmter Begriffe betrifft, so werden die
entsprechenden Ausdrücke zu *metaphysica* (p. 326), *cosmologia*
(p. 326), *asterismus* (p. 329) sowie *[stellae] mutabiles* (p. 330) und
die verschiedenen Kategorien der Erscheinungen der Gezeiten in der
heutigen Astronomie in anderen Zuordnungen als die Termini in der
Physica Generalis verwendet.[180] So gehören nach Biwalds Definition[181] zur *cosmologia*, die als ein Teil der *metaphysica* bezeichnet
wird, Überlegungen über die Welt – wie über den Ursprung, die
Vollkommenheit und das Bestehen derselben sowie über die Zahl der
Welten. In der Differenzierung der heutigen Wissenschaft hingegen

---

[178] Zum Begriff *annulus lucidus*, der auch in diesem Zusammenhang zu nennen ist,
cf. oben.

[179] Biwald, Physica Generalis, p. 380.

[180] Auch die in der *Physica Generalis* erwähnte Einteilung der Kometen hinsichtlich
ihres Abstands von der Erde in *sublunares* und *superlunares* (pp. 356f) hat in der
heutigen Wissenschaft keine Entsprechung. Da Biwald diese Klassifikation jedoch
primär aus dem Grund erwähnt, um sie zu widerlegen (cf. p. 357: *Divisio illa
Cometarum in sublunares, & superlunares arbitraria prorsus est [...]*), wird hier
nicht näher darauf eingegangen.

[181] Biwald, Physica Generalis, p. 330.

gehört die Kosmologie nur in der Klassifikation der Philosophie zur Metaphysik,[182] in der Naturwissenschaft ist sie nicht in dieses Gebiet eingegliedert.[183]

Der Fachausdruck *asterismus* wird in der *Physica Generalis* synonym zum Begriff *constellatio* (siehe auch oben) zur Bezeichnung einer Zusammenfassung von näheren Fixsternen zu einem bestimmten Bild oder einer bestimmten Figur verwendet. Aktuell versteht man unter einem Asterismus jedoch eine nicht offiziell definierte Gruppe von Sternen, die sich innerhalb eines Sternbilds oder in verschiedenen Sternbildern befinden,[184] während der Begriff Konstellation einen selten gebrauchten Terminus für ein Sternbild darstellt und außerdem die astronomischen Aspekte bezeichnet.[185]

In der *Physica Generalis* wird der Begriff *stellae mutabiles* als Synonym für den Ausdruck *stellae novae* angeführt (siehe auch oben) und zur Bezeichnung von Sternen, die in einem bestimmten Zeitraum als sehr helle Objekte am Himmel erscheinen und deren Helligkeit dann wieder allmählich abnimmt, bis sie nicht mehr zu sehen sind, – also für Supernovae – verwendet. Im Unterschied hierzu ist in der heutigen Wissenschaft eine andere Klassifikation üblich, so differenziert man u. a. zwischen Supernovae und veränderlichen Sternen, auf welche die Bezeichnung *stellae mutabiles* gemäß dem aktuellen, analogen Fachbegriff[186] und die in der *Physica Generalis* erwähnten Mutmaßungen

---

[182] Cf. Jürgen MITTELSTRAß & Klaus MAINZER, Kosmologie, in: Enzyklopädie Philosophie und Wissenschaftstheorie 2 (2004, Sonderausg.), p. 483.

[183] Die moderne naturwissenschaftliche Kosmologie ist nach der gängigen aktuellen Definition als ein Gebiet der Astronomie festgesetzt, welches in der Erforschung des Aufbaus des Weltalls sowohl in räumlicher als auch in zeitlicher Hinsicht sowie in der Betrachtung der Gesamtheit der Himmelskörper bzw. der kosmischen Objekte besteht (Joachim KRAUTTER et al., Meyers Handbuch Weltall, 7. Aufl. Mannheim 1994, p. 501).

[184] Michael E. BAKICH, The Cambridge Guide to the Constellations, Cambridge – New York – Melbourne 1995, p. 3.

[185] Joachim HERMANN, Konstellation, in: Das große Lexikon der Astronomie (2001, aktualis. Sonderausg. d. Orig. 1996), p. 180.

[186] In der *Physica Generalis* (p. 330) wird die Bezeichnung *mutabilis* jedoch zur Angabe der fortlaufenden Abnahme der scheinbaren Helligkeit der *stellae novae* bis zu deren endgültigem Verschwinden verwendet und bezeichnet also keine periodisch erfolgenden Helligkeitsveränderungen. (Dass im 18. Jahrhundert bezüglich der Terminologie bzw. Klassifikation der *stellae novae* und der *stellae mutabiles* nicht differenziert wurde, geht aus den entsprechenden Belegstellen hervor (cf. oben); Nur in Scherffers *Institutionum Physicae Pars Secunda* (pp. 66–68) wird – analog zur aktuellen Einteilung – zwischen *stellae novae* und *stellae variabiles* unterschieden.)

über deren Wesen hindeuten,[187] wobei Supernovae (und Novae) gegenwärtig in eine Unterklasse der veränderlichen Sterne (nämlich in die eruptiven Veränderlichen,[188] die zu den physikalisch veränderlichen Sternen gehören) eingeordnet werden.[189]

Die Erscheinungen der Gezeiten teilt Biwald in *phaenomena diurna* (p. 451), *phaenomena menstrua* (p. 453), ein *phaenomenon annuum* (p. 454) und *phaenomena regularia* (p. 449 | p. 457) ein, wobei er zur ersten Gruppe das pro Mond-Tag viermalige Auftreten der Gezeiten, deren Verzögerung um etwa 48' pro Tag und das Zustandekommen des größten Anstiegs des Wassers bei einer Entfernung desselben um ungefähr einen Viertelkreis vom Mond nach Osten hin zählt. Bei den *phaenomena menstrua* führt er die Erscheinung an, dass die Gezeiten in den Syzygien von Mond und Sonne größer, in den Quadraturen hingegen kleiner sind und dass die größten Gezeiten zwei oder drei Tage nach dem Zeitpunkt der Syzygien, die kleinsten zwei oder drei Tage nach dem Zeitpunkt der Quadraturen beobachtbar sind. Bei dem *phaenomenon annuum* handelt es sich nach Biwalds Angaben um die Erscheinung, dass die Gezeiten im Winter größer als im Sommer sind. Zu den *phaenomena regularia* schließlich werden die Abhängigkeit der Größe der Gezeiten von der Position der Lichtquellen (also von Sonne und Mond) hinsichtlich des Äquators und die Beobachtbarkeit der Gezeiten nur bis 65° Breite gezählt. Außerdem gehören die Erscheinungen, dass die Gezeiten am Abend in den *Syzygia aequinoctialia* gleich groß sind wie jene am Morgen (und im Winter die Gezeiten am Morgen in Europa (besonders um die Syzygien) größer als jene am Abend sind), und dass der Anstieg des Meerwassers stets schneller erfolgt als dessen Absinken, zu dieser Gruppe. In der heutigen Wissenschaft ist eine derartige Einteilung der Gezeiten nicht mehr gebräuchlich, die einzige aktuelle, mit Biwalds Gliederung vergleichbare Differenzierung stellt die Unterteilung der Gesamtstörungen des

---

[187] Als Erklärungsmöglichkeiten für das Wesen der *stellae novae* bzw. *mutabiles* führt Biwald (pp. 330f) erstens Fixsterne an, die nur auf einer Seite leuchten und die man daher ausschließlich dann beobachten kann, wenn sie ihren leuchtenden Teil der Erde zukehren. Zweitens erwähnt er die Veränderung der Position von „flachen Sternen" durch die Kraftausübung massereicher Planeten in Umlaufbahnen um diese Sterne – je nachdem, ob diese Sterne der Erde ihre breite oder ihre schmale Seite zuwenden, seien sie für einen Beobachter auf der Erde sichtbar oder unsichtbar.
[188] Albrecht UNSÖLD & Bodo BASCHEK, Der neue Kosmos. Einführung in die Astronomie und Astrophysik, 7. Aufl. Berlin – Heidelberg – New York, 2002, p. 259.
[189] Unsöld & Baschek, Neuer Kosmos, p. 248.

Schwerefeldes in die periodischen Komponenten der monatlichen bzw. parallaktischen,[190] der halbmonatlichen[191] und der täglichen[192] Ungleichheit dar.

Auch bezüglich der Einordnung der Himmelskörper in bestimmte Kategorien bestehen Unterschiede zwischen der *Physica Generalis* und den aktuellen Gegebenheiten. So lässt sich nach Biwalds Angaben[193] folgendes Schema (Abb. 1) für die Gruppen von Himmelskörpern erstellen,[194] während in der heutigen Klassifika-

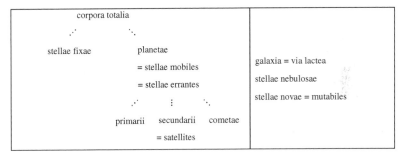

Abb. 1. Einteilung der Himmelskörper nach der *Physica Generalis*

---

[190] Die monatliche Ungleichheit bezieht sich auf den Tidenhub – dieser hängt von der verschiedenen Entfernung der Himmelskörper, besonders jener des Mondes und der Erde, ab und wird bei der Position des Mondes im Perigäum groß (Wolfram WINNENBURG, Einführung in die Astronomie, Mannheim – Wien – Zürich 1990, 156). Somit deutet dieses Phänomen auf eine Erscheinung von Biwalds *phaenomena diurna*, eine der *phaenomena regularia* und außerdem auf das *phaenomenon annuum* hin.

[191] Die halbmonatliche Ungleichheit der Gezeiten kommt durch die gemeinsame Wirkung der gezeitenerzeugenden Kräfte von Mond sowie Sonne zustande und stellt das Phänomen der Verstärkung der Mond- und der Sonnenflut bei Voll- und Neumond (= Springflut) sowie deren Abschwächung bei den Mondvierteln (= Nippflut) dar (Winnenburg, Einführung, 157). Auf diese Erscheinung nimmt Biwald in der Kategorie der *phaenomena menstrua* Bezug.

[192] Die tägliche Ungleichheit der beiden Flutberge schließlich lässt sich aus dem Faktum erklären, dass die Bewegung der Himmelskörper nicht nur in der Äquatorebene erfolgt. So ist die tägliche Flut bei einer nördlichen oder einer südlichen Position des fluterzeugenden Körpers unterschiedlich hoch (Winnenburg, Einführung, 157). Diese tägliche Ungleichheit weist also einen Zusammenhang zu Biwalds *phaenomena regularia* auf.

[193] Biwald, Physica Generalis, pp. 326–333.

[194] Die *galaxia* bzw. *via lactea*, die *stellae nebulosae* und die *stellae novae* bzw. *mutabiles* werden zwar in demselben *articulus* wie die *stellae fixae* beschrieben (pp. 328–332), aber da Biwald unter diesen spezielle Kategorien von Himmelskörpern versteht, werden sie in dem Schema abgesetzt dargestellt.

tion[195] die außerirdischen Körper wie Sternsysteme, Sterne, Planeten, Satelliten, Asteroiden, Kometen und Meteoriden ohne Unterklassen nebeneinander gestellt werden.

5. Fazit

Aus der Analyse des astronomischen Begriffssystems in der *Physica Generalis* geht somit hervor, dass Biwald eine äußerst fundierte Recherche bei der Gestaltung seines Werks vornahm. Bei den Fachausdrücken und den Definitionen, welche der Autor anführt, zeigen sich die mit reiflicher Überlegung konzipierte Präsentation von Informationen und das stete Augenmerk auf die Relevanz von Angaben hinsichtlich der Ausrichtung des Kompendiums auf das Zielpublikum. Biwald zog einen großen Umfang von Quellenwerken zur Rate, aber die *Physica Generalis* stellt keine bloße Kompilation von bereits vorhandenen Vorlagen dar, denn durchaus tritt die eigenständige Arbeitsweise des Autors bei einer vergleichenden Analyse mit den Bezugstexten hervor, sodass von einer gelungenen Verwertung und Weiterentwicklung des Quellenmaterials zu sprechen ist. Insbesondere die Wiederholung bestimmter Definitionen bzw. weiterführende definitorische Angaben zu bereits eingeführten Begriffen und die der Systematik des Werks entsprechende Erklärung von Termini erst nach deren erster Erwähnung stellen besondere Charakteristika der *Physica Generalis* dar. Auch bei der Erwähnung von bestimmten Synonyma bezog sich Biwald nicht durchgängig auf seine Quellen, sondern prägte, übersetzte und führte Alternativbezeichnungen auch nach seinen eigenen Gesichtspunkten ein. Der Autor setzte somit eigene Akzente nach guten, nachvollziehbaren Kriterien bzw. Überlegungen, gelegentlich auftretende Unexaktheiten sind fast ausschließlich Produkte des damaligen Forschungsstandes und fallen demgemäß nicht ins Gewicht. Außerdem weist die *Physica Generalis* bei der Verwendung von Fachbegriffen auch aus heutiger Sichtweise einen Grad an Modernität auf, dieser zeigt sich darin, dass im Zusammenhang mit vielen Ausdrücken Übereinstimmungen oder Ähnlichkeiten zwischen den von Biwald benützten Bezeichnungen und den aktuellen Gegebenheiten bestehen.

---

[195] Cf. Helmut ZIMMERMANN & Alfred WEIGERT, Himmelskörper, in: Lexikon der Astronomie (8. Aufl. 1999), 123f.

Danksagung

Der Dank der Verfasserin gilt Herrn O. Univ.-Prof. Dr. Franz Römer und Frau MMag. Dr. Sonja Schreiner für viele Diskussionen und nützliche Anregungen. Ferner ist die Autorin Herrn Assoc. Prof. Dr. Michael Stöltzner für zielführende Hinweise und Herrn Univ.-Doz. MMag. Dr. Martin Wagendorfer, MAS für das genaue Korrekturlesen des Manuskripts zu Dank verpflichtet.

Literatur

ANONYMUS, Ausgezeichnete Belohnung des Leopold Biwald, Professors der Physik am k. k. Lycäum zu Grätz. Den 9ten des Brachmonaths 1805. Grätz, bey Alois Tusch Buchhändler.

BAKICH MICHAEL E., The Cambridge Guide to the Constellations, Cambridge – New York – Melbourne, 1995.

BIWALD LEOPOLD G., Dissertatio, De Stvdii Physici Natvra, Eivs Perficiendi Mediis, Et Cvm Scientiis Reliqvis Nexv. Qvam Physicae svae Generali praemittit Leopoldvs Biwald e Societate Iesv Physicae in Vniversitate Graecensi Professor Pvblicvs, et Ordinarivs. Graecii, Svmtibvs Iosephi Mavritii Lechner, Bibliopolae Academici. Typis Haeredvm Widmanstadii. 1767.

BIWALD LEOPOLD G., De Objectivi Micrometri Vsv In Planetarum Diametris Metiendis. Exercitatio optico-astronomica habita in Coll. PP. S. J. Romae, 1765. Graecii 1768.

BIWALD LEOPOLD G., Physica Generalis, qvam avditorum philosophiae vsibus accomodavit Leopoldvs Biwald e Societate Iesv, Physicae in Vniversitate Graecensi Professor Pvblicvs, et Ordinarivs. Editio secunda, ab avthore recognita. Cvm Speciali Privilegio S. C. R. Maiestatis. Graecii, Svmptibus Iosephi Mavritii Lechner, Bibliopolae Academici. Typis Haeredum Widmanstadii, 1769.

BIWALD LEOPOLD G., Physica Particvlaris, qvam avditorvm philosophiae vsibus accomodavit Leopoldvs Biwald e Societate Iesv, Physicae in Vniversitate Graecensi Professor Pvblicus, et Ordinarivs. Editio secvnda, ab avthore recognita. Cvm Speciali Privilegio S. C. R. Maiestatis. Graecii, Svmptibus Iosephi Mavritii Lechner, Bibliopolae Academici. 1769.

BIWALD LEOPOLD G. et al., Assertiones Ex Vniversa Philosophia qvas avthoritate et consensv Plurim. Rev. Eximii Clariss. ac Magnif. D. Vniv. Rectoris, Perill. ac Doctiss. D. Caes. Reg. Inclyt. Fac. Phil. Praesidis & Directoris, Praen. Cosultiss. Clariss. ac spectab. Dom. Decani, caeterorumque Dom. Doctor. eiusd. inclyt. Fac. Phil. in alma ac celeberr. Vniv. Graec. anno 1771. Mense Aug. die publice propugnandas suscepit, Praenob. ac Perdoctvs Dominvs Ioannes Nep. Pollini, Carniol. Labac. ex Arch. S. I. Conv. Nob. Colleg. Ex praelectionibvs Adm. Rev. & Cl. P. Leopoldi Biwald, e S. I. AA. LL. & Phil. Doct. eiusd. Prof. publ. & ord. Adm. Rev. & Cl. P. Antonii Pöller, e S. I. AA. LL. & Phil. Doct. eiusd. Prof. publ. & ord. A. R. & Cl. P. Leopoldi Wisenfeld, e S. I. AA. LL. & Phil. Doct. ac Phil. Moral. Prof publ. & ord. Adm. Rev. & Cl. P. Caroli Tavpe, e S. I. AA. LL. & Phil. Doct. ac Math. Prof. publ & ordin.

BOSCOVICH ROGER J., Theoria Philosophiae naturalis, redacta ad unam legem virium in natura existentium auctore J. R. Boscovich S. J. ab ipso perpolita et aucta. Ex prima Editione Veneta cum Catalogo Operum ejus ad annum 1765, Graecii 1765 [Zitat nach Sommervogel, Bibliothèque 1, 1528].

CHAPIN SEYMOUR L., The shape of the Earth, in: Planetary astronomy from the Renaissance to the rise of astrophysics. Part B: The eighteenth and nineteenth centuries (The General History of Astronomy 2), ed. René Taton and Curtis Wilson, Cambridge – New York – Melbourne, 1995, pp. 22–34.

DALHAM FLORIAN, Floriani Dalham Clerici Regularis e Scholis Piis, Et in Academia Sabaudico-Lichtensteiniana Philosophiae Professoris Institutiones Physicae In Usum Nobilissimorum suorum Auditorum adornatae, Quibus ceu Subsidium praemittuntur Institutiones Physicae. Tomus III. In quo agitur de Geographia Physica, de Rebus Coelestibus & Historia Naturali. Anno M. DCC. LV. Viennae Austriae, Typis Joannis Thomae Trattner, Caes. Reg. Aulae Bibliopolae, & Universitatis Typographi.

DU CANGE CHARLES DU FRESNE, Totalis, in: Glossarium Mediae et Infimae Latinitatis Conditum a Carolo Du Fresne Domino Du Cange Auctum a Monachis Ordinis S. Benedicti Cum supplementis integris D. P. Carpenterii Adelungii, aliorum, suisque digessit G. A. L. Henschel Sequuntur Glossarium Gallicum, Tabulae, Indices Auctorum et Rerum, Dissertationes Editio Nova aucta pluribus verbis aliorum scriptorum A Léopold Favre Membre de la Société de l'Histoire de France et correspondant de la Société des Antiquaires de France. Tomus Octavus (1887), p. 138.

DU HAMEL JEAN-BAPTISTE, Philosophia Vetus et Nova ad usum scholae Accommodata, in Regia Burgundia Olim Pertractata, a Joh. Bapt. Du Hamel. Tomus Quintus. Qui physicam Generalem continet. Editio Vltima multò emendatior & auctior, cum Figuris aeneis & ligneis. Venetiis MDCCXXX. Apud Jacobum Zatta Superiorum Permissu.

FAUSTMANN CORNELIA, Der astronomische Teil von Leopold Gottlieb Biwalds Physica Generalis. Übersetzung und terminologische Untersuchungen, Dipl. Arb. Wien, 2008.

FAUSTMANN CORNELIA, Physik des 18. Jahrhunderts im Spiegel der Quellen – komparatistische Studien und Quellenanalysen zu Leopold Gottlieb Biwalds Physica Generalis. Diss. Wien, 2010.

FORCELLINI AEGIDIUS, Tropicus, in: Lexicon Totius Latinitatis ab Aegidio Forcellini Seminarii Patavini Alumno lucubratum deinde a Iosepho Furlanetto eiusdem Seminarii Alumno emendatum et auctum nunc vero curantibus Francisco Corradini et Iosepho Perin Seminarii Patavini item Alumnis emendatius et auctius melioremque in formam redactum Tom. III curante Francisco Corradini cum appendice Iosephi Perin Patavii Typis Seminarii M CM XXXX, 815.

GAEDE PETER-MATTHIAS, Tierkreis, in: GEO Themenlexikon in 20 Bänden. Astronomie. Planeten, Sterne, Galaxien. 5 (2007), p. 716.

'SGRAVESANDE WILLEM J., Physices Elementa Mathematica, experimentis confirmata; Sive Introductio ad Philosophiam Newtonianam. Auctore Gulielmo Jacobo 'sGravesande. Tomus primus – Tomus secundus. Editio Quarta, auctior & correctior. Leidae. Apud Johannem Arnoldum Langerak, Johannem et Hermannum Verbeek. Bibliop. MDCCXLII.

HAUSER BERTHOLD, Elementa Philosophiae Ad Rationis Et Experientiae ductum conscripta, Atque Usibus Scholasticis accommodata a P. Bertholdo Hauser, S. J. In Episcopali Universitate Dilingana Sacrae Linguae Professore. Tomus VI. Physica Particularis. Partis Posterioris Volumen I. Cum Privilegio Caesareo, et Superiorum Facultate. Augustae Vind. & Oeniponti, Sumptibus Josephi Wolff, Bibliopolae, MDC CLXII.

HERMANN JOACHIM, Konstellation, in: Das große Lexikon der Astronomie (2001, aktualis. Sonderausg. d. Orig. 1996), p. 180.

HERMANN JOACHIM, Planetologie, in: Das große Lexikon der Astronomie (2001, aktualis. Sonderausg. d. Orig. 1996), p. 263.

JASZLINSZKY ANDREA, Institutionum Physicae Pars Altera, seu Physica Particularis in usum discipulorum concinnata a R. P. Andrea Jaszlinszky e Socitate Jesu Philosophiae Doctore, ejusdem in Universitate Tyrnaviensi Professore Publico Ordinario. Tyrnaviae, Typis Academicis Societatis Jesu, anno M. DCC. LXI.

KEILL JOHN, M. D. Regiae Soc. Lond. Socii, In Acad. Oxon. Astronomiae Professoris Saviliani Introductiones ad Veram Physicam et Veram Astronomiam. Quibus accedunt Trigonometria. De Viribus Centralibus De Legibus Attractionis. Mediolani, Excudit Franciscus Agnelli anno MDCCXLII. Publica auctoritate, ac privilegio.

KERNBAUER ALOIS, Bildung und Wissenschaft im Wandel, in: Steiermark. Wandel einer Landschaft im langen 18. Jahrhundert (Schriftenreihe der Österreichischen Gesellschaft zur Erforschung des 18. Jahrhunderts 12), hrsg. v. Harald Heppner und Nikolaus Reisinger, Wien – Köln – Weimar, 2006, pp. 375–390.

KONS. AKT. Fasz. I/2, Reg. Nr. 205, Verwendung des Physiklehrbuchs des P. Biwald, 1779 [heute: Archiv der Universität Wien CA 1.2.206].

KRAUTTER JOACHIM, et al., Meyers Handbuch Weltall, 7. Aufl. Mannheim, 1994.

KUNITSCH MICHAEL, Biographie des Herrn Leopold Gottlieb Biwald, der Weltweisheit und Gottesgelehrtheit Doctor, ehemaliges Mitglied des aufgelösten Jesuitenordens, ordentl. und öffentlicher Professor der Physik, Senior und Director der philosophischen Facultät, und gewesener Rector Magnificus an dem k. k. Lycäum zu Grätz. Von Michael Kunitsch, jubilirten Lehrer der k. k. Hauptnormalschule zu Grätz. Grätz 1808, gedruckt bey den Gebrüdern Tanzer.

LALANDE JOSEPH-JÉRÔME L. de, Astronomie, Par M. De La Lande, Conseiller du Roi, Lecteur Royal en Mathématiques; Membre de l'Académie Royale des Sciences de Paris; de la Société Royale de Londres; de l'Académie Impériale de Pétersbourg; de l'Académie Royale des Sciences & Belles-Lettres de Prusse; de la Société Royale de Gottingen; de l'Institut de Bologne; de l'Académie des Arts établie en Angleterre, & c. Censeur Royal. Tome premier – Tome second. A Paris, Chez Desaint & Saillant, Libraires, rue S. Jean-de-Beauvais. M. DCC. LXIV. Avec privilege du roi.

LIND GUNTER, Physik im Lehrbuch 1700–1850. Zur Geschichte der Physik und ihrer Didaktik in Deutschland, Berlin – Heidelberg, 1992.

LINNÉ CARL VON, Selectae Ex Amoenitatibvs Academicis Caroli Linnaei, Dissertationes Ad Vniversam Natvralem Historiam Pertinentes, quas edidit, et additamentis avxit L. B. e S. I. Graecii. Typis Haeredvm Widmanstadii. 1764 bzw. 1766 bzw. 1769.

MAKO DE KERCK-GEDE PAUL, Compendiaria Physicae Institvtio qvam in vsvm avditorum philosophiae elvcvbratvs est P. Mako e S. I. Pars I. Vindobonae, Typis Ioannis Thomae Trattner, Caes. Reg. Aulae Typogr. et Bibliop. MDCCLXII.

MITTELSTRAß JÜRGEN & MAINZER KLAUS, Kosmologie, in: Enzyklopädie Philosophie und Wissenschaftstheorie 2 (2004, Sonderausg.), pp. 483–487.

NEWTON ISAAC, Isaaci Newtoni Optices Libri Tres: accedunt ejusdem Lectiones Opticae, et opuscula omnia ad lucem et colores pertinentia, sumta ex Transactionibus Philosophicis. Graecii, Typis Haeredum Widmanstadii, Graecii 1765.

PAULIAN AIMÉ-HENRI, Dictionnaire de Physique, dédié a Monseigneur Le Duc De Berry. Par le P. Aimé-Henri Paulian Prêtre de la Compagnie de Jesus, Professeur de Physique au Collège d'Avignon. Tome premier – Tome troisiéme. A Avignon, Chez Louis Chambeau, Imprimeur-Libraire, près les RR. PP. Jésuites. M. DCC. LXI.

REDLHAMER JOSEPH, Philosophiae Tractatus Alter, seu Metaphysica Ontologiam, Cosmologiam, Psychologiam, et Theologiam Naturalem complectens ad praefixam in scholis nostris normam concinnata a Josepho Redlhamer, e S. J. Philos. Prof. Publ. Ord. et examinatore. Anno MD CC LIII. Viennae Austriae Typis Joannis Thomae Trattner, Caes. Reg. Maj. Aulae Bibliopolae, et univers. Typographi.

REDLHAMER JOSEPH, Philosophiae Natvralis Pars II. Vranologiam, Stoechiologiam, Meteorologiam, Geologiam, Mineralogiam, Phytologiam, et Zoologiam complectens. Ad praefixam in scholis nostris normam concinnata. A Iosepho Redlhamer e S. I. Philosophiae Prof. Pvb. Ord. et Examinatore in Vniversitate Viennensi Anno MD CC LV. Viennae Austriae Typis Ioannis Thomae Trattner, Caes. Reg. Mai. Aulae Typographi & Bibliopolae.

RUMPF KLEMENS K. M., Von Naturbeobachtungen zur Nanophysik. Experimente, Wissenschaftler, Motivation und Instrumente physikalischer Forschung und Lehre aus vier Jahrhunderten an der Universität Graz (Publikationen aus dem Archiv der Universität Graz 40), Graz, 2003.

SCHERFFER KARL, Institutionum Physicae Pars Secunda seu Physica Particularis, conscripta in usum tironum Philosophiae a Carolo Scherffer e S. J. Editio altera. Vindobonae, Typis Joannis Thomae Trattner, Caes. Reg. Aulae Typogr. Et Bibliop. MDCCLXIII.

SCHREINER SONJA–in cooperation with Max LIPPITSCH & Franz RÖMER, Latin Physics – Made in Styria: Literary Ambition and Scientific Development in Gottlieb Leopold Biwald's Physica Generalis and Physica Particularis, in: Proceedings of the First European History of Physics (EHoP) Conference of the History of Physics Section of the Austrian Physical Society (OEPG) in conjunction with the History of Physics Group of the European Physical Society (EPS) and the History of Physics Group of the Institute of Physics (IOP) – 1st EHoP Conference, Graz/Austria, September 18–21, 2006 (2008), ed. Peter M. Schuster and Denis Weaire, pp. 207–220.

SOMMERVOGEL CARLOS, BIWALD, in: Bibliothèque de la Compagnie de Jésus. Nouvelle Édition. Bibliographie. Tome I (1890), pp. 1528–1530.

STEINMAYR Johann, Die alte Jesuiten-Sternwarte in Graz. Vortrag im Verein „Freunde der Himmelskunde" am 8. April 1935 [unveröffentlichtes Manuskript].

THLL. Thesaurus Linguae Latinae, Leipzig 1900 –.

UNSÖLD ALBRECHT & BASCHEK BODO, Der neue Kosmos. Einführung in die Astronomie und Astrophysik, 7. Aufl. Berlin – Heidelberg – New York, 2002.

VALENT JUTTA, Die Grazer Universität zur Zeit Josephs II. und die Lyzeumsjahre, in: Bausteine zu einer Geschichte der Philosophie an der Universität Graz (Studien zur österreichischen Philosophie 33), hrsg. v. Thomas Binder et al., Amsterdam – New York 2001, 91–116.

WINNENBURG WOLFRAM, Einführung in die Astronomie, Mannheim – Wien – Zürich, 1990.

WOLFF CHRISTIAN, Elementa Matheseos Universae. Tomus III, Qui opticam, perspectivam, catoptricam, dioptricam, sphaerica et trigonometriam sphaericam atque astronomiam tam sphaericam, quam theoricam complectitur. Autore Christiano L. B. de Wolff, Potentissimi Borussorum Regis Consiliario Intimo, Fridericianae Cancellario et Seniore, juris naturae et gentium atque matheseos Professore Ordinario, Professore Petropolitano Honorario, Academiae Regiae Scientiarum Parisinae, Londinensis ac Borussicae et Bononiensis membro. Editio nova priori multo auctior et correctior. Cum Privilegio Sacrae Caesareae Majestatis et Ploniarum Regis et Saxoniae Electoris. Halae Magdeburgicae, prostat in officina Rengeriana Anno MDCCLIII.

WURZBACH CONSTANT VON, Biwald, in: Biographisches Lexikon des Kaiserthums Österreich, enthaltend die Lebensskizzen der denkwürdigen Personen, welche 1750 bis 1850 im Kaiserstaate und in seinen Kronländern gelebt haben. Von Dr. Constant v. Wurzbach. Erster Theil (1856), 415f.

ZIMMERMANN HELMUT & WEIGERT ALFRED, Himmelskörper, in: Lexikon der Astronomie (8. Aufl. 1999), 123f.

Anschrift des Verfassers: Cornelia Faustmann, Institut für Klassische Philologie, Mittel- und Neulatein der Universität Wien, Dr. Karl Lueger-Ring 1, A-1010 Wien, Österreich. E-Mail: cornelia.faustmann@univie.ac.at.

Österreichische Akademie der Wissenschaften
Mathematisch-naturwissenschaftliche Klasse

Sitzungsberichte

Abteilung I

Biologische Wissenschaften und Erdwissenschaften

213. Band
Jahrgang 2010

Wien 2011

Verlag der Österreichischen Akademie der Wissenschaften

Inhalt

Sitzungsberichte Abt. I

Sitzungsber. Abt. I (2010) 213: 3–13

Sitzungsberichte
Mathematisch-naturwissenschaftliche Klasse Abt. I
Biologische Wissenschaften und Erdwissenschaften

A Kin Selection Paradox

By

Mircea Pfleiderer and Jörg Pfleiderer

(vorgelegt in der Sitzung der math.-nat. Klasse am 17. Juni 2010 durch
das w. M. Jörg Pfleiderer)

Abstract

HAMILTON's [2] famous rule for successful evolution of altruistic behaviour is general-
ised to include the degree to which an altruistic gene has already spread in the
population, and the frequency of altruistic acts (or the population per act). The results
are seemingly paradoxical, a main condition for spreading being that altruistic acts
should not occur too often.

Key words: HAMILTON's rule, relative abundance, altruism, spread of genes, evolution.

1. Introduction

One of the starting points of sociobiology was HAMILTON's [2] theory
of kin selection. It has often been considered (e.g. [1, 5]) as one of the
most important achievements in evolutionary biology since DARWIN.
Many authors and textbooks even state it to be the only acceptable
evolutionary explanation of altruistic behaviour. For our purposes,
it is enough to point out that it is generally accepted as a *possible*
explanation.

HAMILTON showed that altruism, despite genetic costs (decrease in
reproductive success of the altruist, or in direct fitness – if "fitness" is
used in this original but somewhat restricted sense), may evolve if
exercising it on a relative confers genetic advantage (increase in the
reproductive success of the relative, with corresponding increase in

the inclusive fitness of the altruist). HAMILTON's number $H = br - c$ (where b is benefit to the recipient, r is the relatedness of recipient to donor, and c is cost to donor) should be positive. Since then, many theoretical and empirical papers have dealt with determining H. The debates on how to estimate benefits and costs have not yet come to an end.

By asking for an absolute rather than a relative increase in an altruistic allele, HAMILTON considered (implicitly) the special case of the altruistic allele being very rare as compared to the non-altruistic one. We generalise his calculations by two additions. First, we include the case that the allele in question – the altruistic allele – has already spread somewhat in the population. This makes it mandatory to include explicitly the mates of donor and recipient in the calculation. Second, we relate the absolute flow of genes into the next generation to the relative flow by introducing the frequency of altruistic acts, a quantity necessary, in general, for estimating the spread of the altruistic allele.

We restrict ourselves to "true" or "strong" [6] altruistic acts in which both costs and benefits are positive, $c > 0$, $b > 0$, and the benefits exceed the costs, the balance being positive, $S = b - c > 0$.

Our calculations are simple, straightforward and self-consistent. References to the abundant literature on HAMILTON's rule would not contribute.

2. The model

Our model is derived directly from the original model of HAMILTON in order to keep the calculations as similar to HAMILTON's as possible.

We consider a population consisting of two kinds of individuals: those that carry an active altruistic allele – called helper H; by free choice, they may or may not act altruistically – and those in which that allele is not active, i.e., they carry an active non-altruistic allele – called non-helper nH; they will never act altruistically. We show in the appendix that this simplified phenotypic description covers the case of diploidy of alleles usual in many instances of observed altruism.

The relative abundance of H is q with $0 < q < 1$. A spread of H in the population is described by an increase in q. To estimate such increase as a result of an altruistic act it is necessary to know how often these acts occur. We therefore introduce the number α of altruistic acts in the total population of size N, or alternatively the frequency $f = \alpha/N$ of acts, or the sub-population of size $M = N/\alpha$ for which – of course, as average – one altruistic act occurs.

In our model, costs (c) and benefits (b) are counted in terms of offspring. The altruist or donor, D, loses offspring while the beneficiary or recipient, R, gains offspring. The same situation could, of course, be interpreted differently, for instance, by letting the offspring pay or gain. The lost offspring of D, not born at all or not properly raised, pays by losing its possible fitness wholly or partly. The benefit offspring of R gains by being additionally born or additionally raised properly and thus obtaining additional fitness. The result, described in detail in the appendix, is, of course, the same.

Diploid offspring gets its genome from two parents, one half from each. In an altruistic act, the donor, D, loses (statistically) a number c of offspring (cost) with the same type H as the donor, and the same number c with the type of its "mate" (as an abbreviation for the other parent or parents), together a loss of $2c$. As long as donor and mate are not related (i.e., the mate's probability of being of either type H or nH is the same as that of the general population), it is irrelevant whether it is a fixed mate (strict monogamy) or a changing, even unknown mate, in which case the mate need not be mentioned at all. An entirely equivalent description of what happens is that the donor loses $2c$ offspring to each of which it is related by $r = {}^1/_2$ and, at the same time, unrelated by $1 - r = {}^1/_2$. Similarly the recipient, R, gains (statistically) a number b (benefit) of offspring with the same type as that of R itself, plus a number b of the type of its mate, together a gain of $2b$, to each of which R is related by $r = {}^1/_2$ and unrelated by $1 - r = {}^1/_2$.

The essential point is that, for $q \neq 0$, "unrelatedness" is *not* the same as absence of an altruistic allele. Another interpretation of the same fact is that unrelatedness has vanished; all individuals are related as far as inheriting H or nH is concerned, and closer relatedness is increased over the direct relationship r. For instance, D and its offspring are related by an effective relatedness $r* > {}^1/_2$.

The mates of D and R (i.e., the second parents of any offspring of D and R), considered as unrelated to their partners, may be of either type. Their probability of carrying the altruistic allele influences the offspring's probability of carrying it. Note that this applies not only to the benefit offspring, which is actually born, but also to the cost offspring, which is lost, i.e., not born at all. Without the altruistic act, they would have been born, and they would have had two parents and inherited genes from both, including the genes of the virtual parent. Alternatively, the offspring of D, with genetic components determined by ${}^1/_2$ relatedness to D and ${}^1/_2$ unrelatedness, is just reduced in number.

3. HAMILTON's Rule Generalised

When comparing the outcome of the altruistic act to what would have happened if the altruistic act had not taken place, we find some surprising, even seemingly paradoxical results (details are given in the appendix).

First, a net gain of the altruistic type – as described by HAMILTON's rule in a slightly modified form – does not necessarily mean a spread of the type, i.e., an increase in the *relative* frequency q. The simple reason is that the non-altruistic type may (and will) gain as well. Note that this, of course, means that the population must be growing or, more strictly, growing relatively as a result of the altruistic act. Indeed, the condition $S = b - c > 0$ implies that the altruistic act *always* leads to a population increase *as compared* to the non-altruistic case where simply $c = b = S = 0$.

Second, an altruistic act increases type nH but not necessarily type H. While an increase in the total amount of the altruistic type (more strictly an allele) depends on conditions (HAMILTON's rule to be fulfilled), the non-altruistic type will in any case increase. This is explained essentially by the fact that the mates of D and R (unrelated to D and R, thus with less probability of being type H) always gain in total ($S > 0$). An equivalent formulation of the same result without mention of mates or second parents is that the unrelated part of the offspring of D and R always gains while the related part may not because the related offspring of R is but partly counted.

Third, the altruistic type can gain more than the non-altruistic one only if the altruistic type has already spread somewhat in the population, i.e., not in those cases HAMILTON considered. The explanation is again that the non-altruistic component of the mates of D and R gains too much in total unless q is large enough.

When we now consider the main question of a change in the *relative frequency* q of alleles, the situation seems to become still more paradoxical. For a relative increase in the altruistic allele, HAMILTON's rule turns out to be a *necessary* but not a *sufficient* condition. It needs a further condition, viz., that altruism does *not occur too often*. The frequency of altruistic acts, f, should not be too large, i.e., the population M in which an average of only *one* act of altruism is to be successfully performed has to surpass a certain minimum size M_0 (see appendix).

The meaning of this inequality is that there should not be too many helpers: every single helper needs a sufficiently large supporting population of at least M_0 in which no further helping occurs. A helper helps to increase not only type H but necessarily also the other type nH.

As mentioned above, any absolute increase in a type is relatively larger the rarer the type is. The two relevant pairs (donor and recipient, with mates) together have a smaller proportion of type nH than the rest of the supporting population, which thus must be large enough to decrease the average proportion of type H and increase the average proportion of type nH sufficiently.

Another way of looking at the inequality is to consider the reduction to constant population. If it is neutral, i.e., not dependent on whether offspring is produced with help or in spite of help or with no help at all, the reduction of the additional $2S$ offspring produced by the altruistic act will be taken from the whole population, which has a higher proportion of type nH than the donor and recipient pairs and their offspring, and thus will favour type H.

Perhaps the most puzzling fact is that an altruistic act that can increase the relative abundance of the altruistic type H in the general population *decreases* it in its offspring (the combined offspring of D and R plus mates) relative to the parents. These offspring would have been better off in this respect, i.e., had a higher average relative abundance of H, if the altruistic act had not taken place. Such a curious (but, of course, actually quite trivial and, as a fact, even well-known) result can indeed be considered as the underlying reason for the above mentioned paradoxes.

4. Discussion

Why can a trivial and well-known fact lead to new results? Simply by considering the effect of an altruistic act not only on the type H but also on the type nH. This approach is, of course, not new at all. But whoever may have tried it on HAMILTON's problem was definitely not successful in spreading this knowledge.

HAMILTON's rule refers directly only to the special case where the altruistic allele is very rare. In general, it is a necessary but not a sufficient condition for the spreading of an altruistic allele. It seems this restriction has never been noticed in the literature. We have introduced the relative abundance q within the population and – in order to be able to calculate the change in q – the frequency f of altruistic acts, or the average population size M per act. The main result is that altruistic acts should not occur too often, $M > M_0$ or $f < f_0$.

The limit M_0 (or f_0) is independent of q, which means that the inequality condition can be carried through the evolution from $q \approx 0$ to any final q. In other words, the presently observable values of b, c and M

(population per helper) or f (frequency of helping) might still either obey the inequality, meaning that evolution is still under way with increasing q or has already reached the maximum $q = 1$, or obey the equilibrium equality ($M = M_0$), meaning that the evolution has come to an end (constant $q \leq 1$) so that we can actually observe a *bygone evolution* today.

The fact that M_0 does not depend on q has a quite interesting consequence. Any gene with an allele that happens to be, for any reason whatsoever, more frequent in altruists than in general will participate in the evolution. Several genes can evolve simultaneously towards the selection of a certain allele. The speed of evolution depends on the individual q and the surplus frequency, p, of the allele in question. It is not the same for all genes.

The co-evolution of neutral-to-altruism alleles may have phenotypic consequences that influence the evolution positively (accelerating) or negatively (hindering or even stopping the evolution).

For very small q, altruistic acts are apparently rare, and M will easily surpass M_0. Then HAMILTON's rule is indeed sufficient to guarantee the spreading of the H-gene, rendering the explicit use of the frequency $1/M$ unnecessary (HAMILTON's case). On the other hand, the end point of the evolution may be twofold. With increasing q and increasing numbers of altruistic acts, M will decrease. One possibility is that M approaches M_0. The relative abundances of H and nH (q and $1-q$) stabilise, and both alleles can survive – a kind of evolutionary stable strategy.

The other possibility is that the helpers "choose" not to be too altruistic and not to help too often so that M always stays larger than M_0. Then type H can completely win ($q = 1$), i.e., helpers and non-helpers need not be genetically different. Both behavioural traits are part of the *behavioural spectrum* of the H genotype. The choice will presumably depend on environmental circumstances. Considering, for instance, helping in birds (see, e.g., [3]), the two traits, helping and dispersing, fit into slightly different ecological niches: one with less space where the donor can share the territory with the recipient while no new territory is available, and another with more space where a sufficiently large new territory is waiting to be inhabited. For dispersion to occur often enough (that is, new territories not being too rare), the population density is another quantity that should be restricted by evolution.

LEYHAUSEN has pointed out many times (e.g., [4]) that every single animal needs a repertoire of behavioural traits – often competing with and even excluding each other – in order to cope with different situations. The repertoire indeed exceeds the daily needs because this is the only way in which the survival rate can be kept sufficiently high in extreme situations. *Expressis verbis*: Different traits of behaviour may, of course, often derive from different genotypes but equally may not, as seems to be one of the possibilities in our model.

Acknowledgement

B. TONKIN-LEYHAUSEN kindly cast a critical eye over our English. R. WAGNER and the Journal Club of the Konrad-Lorenz-Institut für Vergleichende Verhaltensforschung, Vienna, were very constructive in helping us to understand the situation. Special thanks are due to H. WINKLER of the same institute.

References

[1] ALONSO, W. J., SCHUCK-PAIM, C. (2002) Sex ratio conflicts, kin selection, and the evolution of altruism. Proc. Natl. Acad. Sci. USA **99**: 6843–6847

[2] HAMILTON, W. D. (1964) The genetical evolution of social behaviour. J. Theor. Biol. **7**: 1–52

[3] GRAFEN, A. (1984) Natural selection, group selection, and kin selection. In: Krebs, J. R., Davies, N. B. (eds.) Behavioural ecology, an evolutionary approach, 2nd edn, pp. 63–84. Blackwell Scientific, London

[4] LEYHAUSEN, P. (1973) On the function of the relative hierarchy of moods. In: LORENZ, K., LEYHAUSEN, P. (eds.) Motivation of human and animal behavior, pp. 144–247. Van Nostrand, New York

[5] TRIVERS, R. (2000) William Donald HAMILTON (1936–2000): obituary. Nature **404**: 828

[6] WILSON, D. S. (1977) Structured demes and trait-group variation. Amer. Nat. **113**: 606–610

Authors' addresses: Prof. Dr. Jörg Pfleiderer, Dr. Mircea Pfleiderer, Institut für Astro- und Teilchenphysik der Leopold-Franzens-Universität Innsbruck, Technikerstraße 25, 6020 Innsbruck, Österreich; Karoo Cat Research, Honingkrantz, P.O. Box 20, Fish River ZA-5883, South Africa. E-Mail: felis@isat.co.za; joerg.pfleiderer@uibk.ac.at.

Appendix

Assumptions of the Calculation

Consider an (arbitrarily large) population of N individuals in which altruism occurs. The average altruistic donor D pays the cost $2c$ in offspring while the recipient R gains the benefit $2b$ in offspring. Let α be the number of altrustic acts within the population. Then $M = N/\alpha$ is the population per altruistic act, and $f = 1/M = \alpha/N$ is the frequency of altruistic acts, or the number of acts per individual. These numbers should, of course, be considered as statistical averages, as "the" altruistic act can only be a statistical act.

We approximate the altruistic genetics by a single gene consisting of at least two alleles, an "altrustic" one, **a**, and an opponent, **A**, that includes the sum of all other existing alleles, whether just one or more. There are 3 genotypes: **aa**, **aA**, and **AA**. The relative abundance of **a** in the total population or the probability (= abbreviated P) of carrying **a** is $P(\mathbf{a}) = q$, that of **A** is $P(\mathbf{A}) = 1-q$, with $0 < q < 1$. That is, the total number of allele **a** in the (diploid) population is $m(\mathbf{a}) = 2qN$, or an averaged number of $2q$ per individual, while that of **A** is $m(\mathbf{A}) = 2N(1-q)$. Actual altruists are supposed to have, *on average*, a different, higher, relative abundance of **a**, which we call $P(\mathbf{a}) = p$ (with $p > q$ and a total average number $2p$ of **a**-alleles per individual), and a correspondingly smaller relative abundance $P(\mathbf{A}) = 1-p < 1-q$ of **A**. Spreading of altruism in the population is thus described by an increase in q.

It is not necessary to specify which and how many of the **a**-carriers are possible altruists. An allele can reasonably be called altruistic only if it is present at least once (heterozygote) in any altruist, which implies $p \geq \frac{1}{2}$. The following calculation does not, however, depend on this assumption. The same calculation holds for any other allele that is connected with altruism, not in the sense of causing it, as the allele **a** is supposed to, but only in the sense of being more frequent in altruists than in the general population. More generally, a whole group of alleles that happen to be more frequent in actual altruists than in others can thus evolve simultaneously.

When we compare, as HAMILTON did, the statistical results of altruistic acts with the results expected if the acts had not taken place, i.e., if the altruists had chosen not to behave altruistically, the first fact to notice is that unrelatedness does not mean that allele **a** is not present at all but rather that it is present with a probability $q' < q$ as defined below.

The actual altruist or donor D has, as mentioned, the free choice of helping or not helping a recipient R which is its relative by relationship r, defined as usual (siblings or children $r = \frac{1}{2}$, grandchildren $r = \frac{1}{4}$, etc.). R contains allele **a** with the probability $P(\mathbf{a}) = p'$, consisting of two parts. It derives, with probability r, from the relatedness to D with $P(\mathbf{a}) = p$, and, with probability $1-r$, from ancestors unrelated to D, with $P(\mathbf{a}) = q'$. That is, each allele of R coinciding with an allele in D is inherited either from a common ancestor (relationship r) or from a different ancestor carrying the same allele but not passing it on to D while passing it on to R (so to speak "un-relatedness" $1-r$). Together, the probability of R carrying allele **a** is

$$p' = rp + (1 - r)q'.$$

Here, q' is the reduced proportion of allele **a** in the rest of the population N without all the donors and recipients D and R (as compared to q as proportion of the whole population), deriving from the fact that D and R carry an increased proportion of **a**. In detail,

$$Nq = (N - 2\alpha)q' + \alpha(p + p'), \quad \text{or}$$
$$q' = (Mq - p - pr)/(M - 1 - r) < q, \quad \text{thus}$$
$$q' < q < p' < p.$$

As mentioned in the text, one can define the relatedness between D and R by a direct relatedness r (with unrelatedness q') or by an effective relatedness $r^* = r + (1-r)q'/p$.

The next fact to notice is that the population size N necessarily changes, benefit minus cost being positive in the case of "true" altruism. The reduction to constant population size within the next or later generations is secondary and of no relevance here, as long as it is neutral, i.e., affecting all individuals equally in a statistical sense, not depending on whether or not they originate from an altruistic act. Accordingly, we ask for the change, as a result of the altruistic acts, in N, in $m(\mathbf{a})$ (this is HAMILTON's question), in $m(\mathbf{A})$, and in q, as compared to the outcome of no altruistic acts at all.

Both D and R are supposed to have unrelated partners with the probability q' of also carrying $\mathbf{a}$. As mentioned in the text, the partners of D and R may be one each, or many. They are meant as statistical partners (this is exactly the same as forgetting about the partners but introducing instead a corresponding unrelatedness), all with the same probability q' and thus indistinguishable. The combined (D + R plus partners) relative abundance of $\mathbf{a}$ is

$$q^* = (p + p' + 2q')/4.$$

This is, of course, the same as the outcome of considering only the relevant parents (p and p', relatedness to offspring $r = {}^1\!/_2$) and the unrelated general population with q' (unrelatedness $1-r = {}^1\!/_2$).

While it is generally not a particular problem to settle on a specific donor, the identity of the recipient might well be a matter of opinion. For instance, if a young female bird helps her mother raise next year's offspring, who benefits, mother or offspring? Both opinions yield the same result. The benefit consists of additional offspring. In the first case, the relatedness of donor (p) to recipient (p'), i.e. helping daughter to mother, is $r = {}^1\!/_2$, thus $p' = {}^1\!/_2 \, (p+q')$. Relatedness of the beneficiary to benefit is also ${}^1\!/_2$, thus $P(\mathbf{a}) = {}^1\!/_2(p' + q') = {}^1\!/_4 \, p + {}^3\!/_4 \, q'$. In the second case, the relatedness of donor to half-siblings ((beneficiaries) is $r = {}^1\!/_4$, while the beneficiaries are identical with the benefit ($r = 1$), thus $P(\mathbf{a}) = {}^1\!/_4 \, p + (1 - {}^1\!/_4)q'$.

Generally, the situation can be described by one or two or many beneficiaries as well as donors. Costs and benefits may be counted by offspring, or by what happens in the following generation, or otherwise. Appropriately formulated, the results will be the same. But it should be remembered that, in the formulation of our model, the mates of donor and recipient (one mate, several mates, virtual mate) do share costs and benefits.

Comparison of Altruistic *vs.* Non-altruistic Act

We can now compare the two possibilities of no help (ordinary procedure) and help (altruistic procedure).

First case: No altruistic act, no benefit and no cost. Both types have the same average number of offspring n per animal, or $2n$ per pair. The total number of offspring is Nn. Constant population (same number of offspring as number of parents) corresponds to $n = 1$. The relative abundance of allele $\mathbf{a}$ stays constant at the value q. In particular, the relative abundance of the combined offspring of each quartet D + R + mates (or ${}^1\!/_2$ (D + R) plus ${}^1\!/_2$ unrelatedness) is

$$n(p + p' + 2q')/4n = q^*$$

which is the same as that of the averaged parents. This result is, of course, a (rather trivial) expression of the HARDY-WEINBERG rule.

Second case: Altruistic act with benefit and cost. The (average) altruistic animal D and its partner (so to speak a virtual partner as regards the loss) produce (of course as average) $2(n-c)$ offspring, i.e., $2c$ less offspring (cost); R and its partner produce $2(n + b)$ offspring, a benefit of $2b$. The total number of offspring is $nN + 2\alpha(b-c)$.

Constant population corresponds to $n = (M-2S)/M$, which for true altruism $(S > 0)$ is < 1. The relative abundance of **a** in the combined offspring of $D+R+$ mates (equivalent, as above, to $\frac{1}{2}(D+R)$ plus $\frac{1}{2}$ unrelatedness) is

$$q'' = ((n-c)(p+q') + (n+b)(p'+q'))/(4n+2S)$$
$$= q^* - \frac{1}{4}(p-p')(b+c)/(2n+S) < q^*.$$

The surprising and seemingly paradoxical (while, as mentioned, actually trivial) result $q'' < q^*$ is that from which all the other seemingly controversial results can be understood: the altruistic act that (as HAMILTON showed and we are only verifying under more general conditions) *can* increase the relative abundance of an altruistic allele (and thus an altruistic genotype) in the general population will *always* decrease this abundance in its offspring, as compared to the parents. *These offspring have a smaller relative abundance of the **a** allele than they would have had without the altruistic act.*

The "altruistic" balance (second case minus first case) for the total offspring of the (average) sub-population of size $M = N/\alpha$ in which one altruistic act occurs, i.e., the balance per average altruistic act, is

$$D_0 = \{nM + 2(b-c)\} - nM = 2S > 0,$$

showing that the true altruistic act always produces a population increase *as compared* to the non-altruistic case. The balance per act of allele **a** is

$$D_1 = 2\{nMq + b(p'+q') - c(p+q')\} - 2nMq$$
$$= 2\{q'(b(2-r)-c) + p(br-c)\} = 2\{p\mathbf{H} + tq'\}$$

(with $t := b(2-r)-c > 0$ and $\mathbf{H} := br-c$) while the balance per act of the other allele **A** is

$$D_2 = 2\{b(1-p'+1-q') - c(1-p+1-q')\} = 4S - 2\{p\mathbf{H} - tq'\} > 0.$$

Trivially, the balance of the total number of alleles, $D_1 + D_2$, equals twice the difference in individuals, D_0.

What do these numbers tell us?

First, we ask HAMILTON's question. The total number of allele **a** increases if $D_1 > 0$. As is to be expected, we find the famous rule $\mathbf{H} > 0$ of HAMILTON, but it is relaxed as soon as the allele has already spread in the population, $q' > 0$. This does not necessarily mean that it spreads further, because, in a growing population (here by αD_0), all alleles may increase in absolute number.

Second, in a true altruistic case $(S > 0)$, D_2 is always positive (this follows from the fact that $q' < p' < p$). *The **A** allele cannot lose.*

Third, allele **a** increases more than the other allele **A** $(D_1 > D_2)$ only if

$$q' > (S - p\mathbf{H})/t > 0,$$

i.e., only if allele **a** has already spread sufficiently in the population for the unrelated partners (second parent) to have a large enough probability of also carrying allele **a**.

Fourth, the real question is, of course, whether the *relative* abundance q of **a** increases,

$$dq/dt > 0.$$

We find that $q^{\#}$ of the offspring, given by the ratio of the absolute number of (statistically expected) **a**-alleles in the offspring,

$$m^{\#}(\mathbf{a}) = 2Nqn + 2\alpha b(p' + q') - 2\alpha c(p + q'),$$

and the total number of alleles in the expected offspring,

$$2N^{\#} = 2Nn + 4\alpha S,$$

that is,

$$q^{\#} = m^{\#}(\mathbf{a})/2N^{\#} = q + (p - q)\{M\mathbf{H} - 2S(1 + r)\}/2(N^{\#}/\alpha)(M - 1 - r),$$

is larger than q of the original population N, $q^{\#} > q$, only if, as long as $q < 1$, the nominator bracket { } is positive. In the altruistic case $S > 0$, HAMILTON's rule $\mathbf{H} = br - c > 0$ turns out to be a *necessary* condition but not a *sufficient* one. There is a further condition,

$$M > M_0 \quad \text{with} \quad M_0 = 2S(1 + r)/\mathbf{H}, \quad \text{or}$$
$$f < f_0 \quad \text{with} \quad f_0 = \mathbf{H}/(2S(1 + r)), \quad \text{or}$$
$$\alpha < \alpha_0 \quad \text{with} \quad \alpha_0 = Nf_0.$$

This does not depend on q, so loss and benefit need not adapt during evolution. As mentioned above, several genes may simultaneously evolve towards a preferred allele. They may, however, have different qs and ps.

The limiting case $M = M_0$ means that there is no gain of either type. Equilibrium can in principle be reached at any value of q. An inequality $M > M_0$ would probably indicate that the present end point of evolution is $q = 1$. The third possible case, $M < M_0$, would perhaps indicate a present decrease of q or an at present unstable situation with $q = 1$.

Sitzungsber. Abt. I (2010) 213: 15–29

Sitzungsberichte

Mathematisch-naturwissenschaftliche Klasse Abt. I
Biologische Wissenschaften und Erdwissenschaften

The Demographic Effect of "Lucky" Breeding: Consequences of a Single Exceptional Breeding Result

By

Mircea Pfleiderer and Jörg Pfleiderer

(vorgelegt in der Sitzung der math.-nat. Klasse am 17. Juni 2010 durch
das w. M. Jörg Pfleiderer)

Abstract

We combine two aspects of fitness – lifetime reproductive success and (population) growth rate ("propensity fitness") – for defining a generation duration which, in combination with either of these fitness definitions, can quantitatively answer one of the classic questions of evolution: What is the effect, on later generations, of a single case of reproduction greater (or smaller) than average? Individual breeding success of offspring can be included by a simple multiplication of generations, or by referring the reproductive history directly to grandchildren or later generations. We define inclusive fitness by an inclusive lifetime reproductive history, combining the histories of two individuals sharing an altruistic act. HAMILTON's rule should rather be expressed as a ratio of inclusive growth rate fitnesses. The termination of growth/decline after a few generations or within one generation, respectively, has different results so it is mandatory to distinguish clearly between these two cases of constant *vs.* waxing and waning populations. Observed life reproductive histories need a reduction to successful histories (i.e., reproductive offspring) for quantitative answers.

Key words: Individual fitness, inclusive fitness, lifetime reproductive history, reproductive success, generation length, HAMILTON's rule.

1. Introduction

Individual fitness is supposed to be a measure of the reproductive success of an individual as translated into future generations. Originally, it was essentially the number S of offspring produced in a lifetime (lifetime reproductive success LRS) that was used as fitness measure (often, but not always, as a ratio to a maximum LRS). It soon became clear that the time of reproduction and thus the life history of reproduction play a major role. This is where the concept of fitness as a (population) *growth rate* (propensity fitness) was introduced. MCGRAW and CASWELL ([5], henceforth MG&C) considered a "population projection matrix" the positive eigenvalue λ of which is an "individual growth rate" (or "asymptotic growth rate") that is a measure of the exponential population development introduced by a given reproductive success.

The primary information in both cases is the lifetime reproductive history (LRH). MG&C give, as example, the history of a particular bird (blue tit, *Parus caeruleus*, individual 1493900) as (3.5, 5, 5, 6, 4.5) which means that the bird produced 3.5 offspring "of its own genotype" in the first year (i.e., 7 together with the partner), 5 (10) offspring in the second and third, 6 (12) in the fourth, 4.5 (9) in the fifth year and stopped reproduction thereafter. The corresponding fitness numbers are $S = 24$ (LRS) and $\lambda = 4.82$ (growth rate per year). To our knowledge, there is no other fitness definition derived directly from the LRH.

BROMMER et al. [1] have discussed empirical uses of either definition. Their main result is, not surprisingly, that both forms have their advantages. Which form seems to give more reliable results depends on the question asked.

Indeed, the definition of fitness as total lifetime reproductive success can give insight into problems where the modern growth rate definition is of little use. Probably the oldest example goes back to MALTHUS and DARWIN: the population explosion following from an *average* LRS greater than 1 per individual, regardless of the generation length, or of *when* the offspring is raised (i.e., the propensity fitness is – nearly – irrelevant). For stable conditions, some offspring have to die without reproducing – let us call this the natural death toll or non-reproduction toll. LEYHAUSEN [4] tried repeatedly to convey this simple but important fact, which scientists often take too much for granted to be even considered, to laymen who need this information in order to make decisions on environmental politics.

Note that it is the average LRS that is restricted, not the individual LRS as an exception. The difference between average and exceptional fitness is, in many publications, not very clearly mentioned, perhaps because there seems to be a tendency to consider any individual fitness as of mainly hereditary origin.

Of course, there are cases in which the population does indeed explode, for example when filling an empty niche, but then the explosion must necessarily – and indeed does – stop after a while. Also, it is generally preceded by a corresponding population implosion that was necessary for creating the niche.

On the other hand, the growth rate definition of fitness gives insight into other problems where the older total-reproduction definition fails. For example, the time needed to fill a niche (and, by that, the ability to fill a niche) essentially depends only on the possible growth rate. A fly with a multiplying time of weeks is so superior over a predating beetle with a one-year cycle that it is useless to keep applying fly poison that also kills the beetles but closes the niche to the flies for only a short time [3]. Here, the number of offspring is (nearly) irrelevant. As before, the argument rests on the average fitness, not at all on an individual and exceptional one.

A problem that needs both definitions to be understood is the following: What is the best average strategy for a species living in niches that frequently open (and, of course, close again, killing the current population). Apparently, a high growth rate is useful. This is accomplished for any genotype as well by, say, a twofold one-time reproduction (4 per pair) in a given time as by a fourfold one-time reproduction (8 per pair) in twice the time. But in average conditions (no open niche, constant population) the first case means that $^1/_2$ of the offspring (2 of 4) must die without reproducing while the second case requires a higher toll of $^3/_4$ (viz., 6 of 8). That is to say, a small generation length has advantages, which means a smaller total reproduction (fitness definition one) with given growth rate (fitness definition two), as well as a larger growth rate with given total reproduction.

The evolutionary answer to these problems is well-known (e.g., [6]). The r-strategy (for niche filling) prefers short generations and many offspring while the K-strategy (for essentially constant population) puts emphasis on long generations, few offspring and parental care.

2. Generation Length and Its Application to Individual Fitness

The foregoing examples use fitness in the same sense in which it seems most often to be understood, viz., as a property or average property of species, populations, sub-populations, or types within populations. Such fitness is always meant to be valid over many generations, even if this is hardly ever stated. There is no need to distinguish between generations, and thus no need to follow the course of overlapping generations. For example, if all animals had the same (average) growth rate fitness λ, then the total population would grow incrementally with λ. Or, if an individual had fitness λ and its entire offspring inherited properties giving rise to the same (average) fitness, then the descendants of this individual would increase asymptotically (i.e., after a few generations) with this same growth rate, λ. It is of no interest how many generations a certain development needs.

Observed individual fitnesses are, in most cases, used as probes in a statistical sample, that is, used as an indication of how large the average fitness might be, especially in qualitative comparison with another observed fitness of an individual showing other properties or other traits. In other words, they are used as an indication of how different properties or behaviour might influence the *average* fitness and thus be of evolutionary consequence.

However, things become different if we want to consider a single individual and the singular effect of its individual fitness: the impact of the "lucky" (or, as well, "unlucky") breeder. Even the simplest case of reproduction, i.e., only once a lifetime, contains two items of information: the number of offspring and the age at reproduction, i.e. the generation length. It is not possible to describe those two items by one number only. In general, it is the lifetime reproductive history LRH that gives the full amount (or, at least, a fuller amount) of information. Thus, even two numbers cannot do more than approximate to what is really happening.

In the LRS definition of fitness, one misses information about when the offspring is born, or at least information on the average generation length. In the growth rate definition, information is missing about how long the growth rate is valid. One could speculate on a growth rate that changes according to offspring already born. A simpler approach would be to estimate an average generation length as the time of validity for the original growth rate.

Neither fitness definition alone can *quantitatively* answer the classic question of fitness theory for which the concept of individual fitness was originally invented: to be a measure of the reproductive success of one single individual as translated into future generations. But a combination of both can, and each can separately if combined with a generation length that is determined from both fitness numbers. We define a medium or effective generation length T by the time it takes an exponential growth with rate λ (as following from the population projection matrix) to produce the total offspring S, that is,

$$T = \ln S / \ln \lambda.$$

The lifetime reproductive history is thus approximated by a one-time reproduction, at age T, of the total offspring S, or, alternatively, by a continuous exponential increase (or decrease) with λ for time T. The latter interpretation shows that the name "individual growth rate" for λ was indeed well-chosen. Instead of following up the detailed life histories for generations that partly overlap, one can follow up the consecutive row of average generations.

The answer to the question what the effect of *a single case* of reproductive success greater (or smaller) than average would be on later generations is quite simple but it is, of course, an approximation. The three "fitness numbers" S, λ, and T of which only two are independent replace the fuller information of the LRH, which itself is an approximation. Let the average LRH yield fitness numbers S_0, λ_0, T_0 while the exceptional breeder – "exceptional" meaning primarily that it is a single case, the offspring and later generations being as average as all others – has fitness numbers S, λ, T. Then the latter will breed with λ for time T while the average animal breeds, during the same time, with λ_0, or, alternatively, the latter will produce its offspring S in time T while the average animal will, in the same time T, encounter T/T_0 generations and produce a total offspring $S_0 ** (T/T_0)$, where the double asterisk means "to the power of" and stands for an exponential with easier readability of indexed exponents. Thus the ratio x of offspring of the exceptional breeder and of the average breeder will later be

$$x = (\lambda/\lambda_0)^T = (\lambda/\lambda_0) ** T = S/(S_0 ** (T/T_0)).$$

This simple recipe, which we illustrate below by examples, shows clearly that the problems for which the concept of fitness was originally invented need more than one number to be quantitatively answered. The growth rate alone is sufficient to distinguish between lucky ($x > 1$, $\lambda > \lambda_0$) and unlucky ($x < 1$, $\lambda < \lambda_0$) breeder but the generation length of the exceptional breeder is needed for quantification.

The examples include the case of one single reproductive success ("lucky/unlucky breeder"); the model of unusual reproductive success in more than one generation (multiplication of generations); the effects of the necessary termination of any unlimited growth (waxing and waning *vs.* constant population); and finally the question of inclusive fitness (altruistic acts, where at least two individuals – donor and recipient – with different reproduction details and different direct fitness have to be combined).

3. Examples of Lucky Breeding

We now show how the combination of either fitness number, S or λ, with the generation length T may be used. The examples are chosen to be quite simple in order that the reader may check the calculations without much effort. Most examples deal with growing populations, the simple reason being that one can work with integers, which makes things easier without limiting the generality at all. For the calculation of the growth rate we use, as pendant to the individual lifetime reproductive success S, the individual form of the matrix that yields the characteristic equation $\Sigma s_i / \lambda^{-i} = 1$, where $(s_1, s_2, \ldots)$ is the life reproductive history (see MG&C).

In the first example, we ask what influence one individual with increased fitness number of either definition – this is the lucky breeder – has on the further development of the population with the restriction that the offspring does not apply the same increased reproduction but rather behaves normally, i.e., shows average reproduction: the luck does not continue. The "lucky mate" or the "unlucky breeder" (reduced reproduction) could be treated similarly.

We assume a species or population that reproduces with an average of 1 each per parent (i.e., 1 with probably the same genomic type as the parent in question, or 2 offspring per pair) in each of the first and second years (or time unit). The (average) LRH is thus (1,1) or, as well, (1,1,0) – no offspring in the third year –, with $S_0 = 2$, $\lambda_0 = 1.62$, $T_0 = 1.44$. Let one individual, the "lucky breeder", have a different LRH of (1,1,1), i.e., it adds another 1 offspring (2 per pair) in its third year, giving $S_1 = 3$, $\lambda_1 = 1.84$, $T_1 = 1.80$.

Let us first consider the further development in detail (see Table 1). Table 1 should be understood as giving, except for the original parents, average numbers in at least two respects: an average concerning the LRH as well as an average concerning the probability that an offspring has the same genomic type as the individual parent. We give definite numbers instead of probabilities in order to be able to compare them with our estimates x. The counts are given for ten years to show the gradual development towards an exponential increase.

In the first year, 1 offspring with the same type as the parent individual is born (this is an average). In the second year, 1 offspring of the parent (second year) as well as 1 grandchild (first-year offspring

Table 1. Birth development for 10 years (examples 1 and 2). (a) normal case, (b) one lucky breeder, (c) hereditary well-breeder (hereditary increased reproductive success), (d) average continuation of a lucky breeder with one lucky child into the second generation (see text). Total number born in a year (bold) and their offspring in following years (fine) according to the LRH. Ratio of births to last year (italic)

Year	0	1	2	3	4	5	6	7	8	9	10
normal	**1**	1	1								
breeder	−	**1**	1	1							
LRH = (1,1)		*1.0*	**2**	2	2						
			2.0	**3**	3	3					
				1.5	**5**	5	5				
					1.67	**8**	8	8			
lucky	**1**	1	1	1		*1.60*	**13**	13	13		
breeder	−	**1**	1	1			*1.63*	**21**	21	21	
LRH = (1,1,1)		*1.0*	**2**	2	2			*1.62*	**34**	34	34
then (1,1)			*2.0*	**4**	4	4			*1.62*	**55**	55 ..
				2.0	**6**	6	6			*1.62*	**89** ..
					1.5	**10**	10	10			*1.62*
						1.67	**16**	16	16		
hereditary	**1**	1	1	1		*1.60*	**26**	26	26		
well-breeder	−	**1**	1	1	1		*1.63*	**42**	42	42	
LRH = (1,1,1)		*1.0*	**2**	2	2	2		*1.62*	**68**	68	..
			2.0	**4**	4	4	4		*1.62*	**110**	..
				2.0	**7**	7	7	7		*1.62*	
					1.75	**13**	13	13	13		
						1.85	**24**	24	24	24	
generation	**1**	1	1	1		*1.85*	**44**	44	44	44	
addition	−	**1**	1	1	0.33		*1.83*	**81**	81	81	..
(average of		*1.0*	**1**	1	1			*1.84*	**149**	149	..
one of three)			**1**	1	1	0.33			*1.84*	**274**	..
LRH = (1,1,1)			*2.0*	**1**	1	1	0.33			*1.84*	
then (1,1,1/3)				**3**	3	3					
				2.0	**6.33**	6.33	6.33				
					1.58	**10.66**	10.66	10.66			
						1.68	**17.33**	17.33	17.33		
							1.63	**28**	28	28	
								1.62	**45.33**	45.33	45.33
									1.62	**73.33**	73.33 ..
										1.62	**118.66** ..
											1.62

of the first-year child) of the same type is born on average, making together 2 of the same type born in that year. All of the offspring is assumed to reproduce normally with (1,1). Following this further in the first 10 years, the average number of offspring born each year and having the same type as the original parent is 1, 2, 3, 5, 8, 13, 21, 34, 55, and finally $B_0 = 89$ (where B is the number of births after 10 years) if the parent has the usual or average LRH (1,1). The increased reproductive success of the lucky breeder with LRH (1,1,1) renders, instead, 1, 2, 4, 6, 10, 16, 26, 42, 68, $B_1 = 110$ if all offspring is assumed to have an average LRH of (1,1) and *not* the increased one (the "luck" does not continue). Both rows of numbers increase, after the first years, with the "normal" growth factor of $\lambda_0 = 1.62$, but the fraction x of specimens of the genomic type of the "successful" individual has increased, as compared to the offspring of *one* "normal" individual with another (its own) genomic type, by $B_1/B_0 = 110/89 = 1.24$, or 24%, and this holds for all further generations.

Considering the same problem with only the fitness numbers given, the simplest approach would be that the "different" individual reproduces at its own growth rate $\lambda_1 = 1.84$ for one generation length T_1 (1.80 years or time units) compared with a "normal" individual reproducing at its reduced growth rate $\lambda_0 = 1.62$ for the same time, while later on all offspring reproduce with the same, normal growth rate of 1.62. The result, $x = (\lambda_1/\lambda_0) ** T_1 = (1.84/1.62)^{1.80} = 1.26$ or 26% is sufficiently close to the true result which uses the complete reproduction information instead of only the two fitness numbers.

Another interpretation of the same formula is as follows: In the generation time $T_1 = 1.80$ in which the "different" individual produces its offspring $S_1 = 3$, the normal individuals with $T_0 = 1.44$ already enter the next generation and thus produce more than the one-generation offspring S_0. The corresponding estimate with S and T is $x = S_1/(S_0 ** (T_1/T_0)) = 3/(2 ** 1.25) = 1.26$.

The reason for the slight discrepancy between the calculated factor 1.26 and the true factor 1.24 can be found in an effect aptly described by the second well-chosen name for λ as used by MG&C, viz., "asymptotic growth rate". The growth rate of the offspring is reached only after a few generations (cp. Table 1). That is the same as assuming that the growth rate starts working at a time t that is *not* zero. For instance, the "normal" outcome after 10 years is *not* $\lambda_0 ** 10 = 124$ but rather $B_0 = 89 = \lambda_0 ** 9.3$, implying $t_0 = 10 - 9.3 = 0.7$. The corresponding number for the enhanced growth rate 1.84 of LRH (1,1,1) over 10 years would give (Table 1) $B^* = 274 = 1.84 ** 9.2$, or $t = 0.8$. Using this information (which goes beyond our 2-number approximation), a better estimate for the increase factor would be $x = (\lambda_1/\lambda_0) ** (T_1 + t_0 - t) = 1.136 ** 1.7 = 1.24$.

The second example shows that things become only slightly more complicated if an LRH is heritable but not inherited or not displayed by the entire offspring, or if some of the offspring show again, by good or bad luck, LRHs that differ from the normal case. We again take the "successful" individual of the first example, with LRH $(1,1,1)$. If all 3 first-generation offspring had the increased LRH but any of the following generations did not, then we would expect the increased growth rate to last for two generations, yielding $x = (\lambda_1/\lambda_0) ** 2T_1 = 1.59$, close to the direct result of 1.53 (i.e., calculated according to the method of Table 1) but larger due to the above-mentioned asymptotic effect.

Assume now that only one of the offspring displays the same increased LRH, while the other 2 as well as all grandchildren and further generations (including the children of the "successful" child) behave normally, with history $(1,1)$. If it is the first (second, third) child that is "successful", the total ten-year outcome (number of births after 10 years) is 123 (118, 115), or a factor of 1.38 (1.33, 1.29) above the "normal" result of 89. The average (Table 1) is 119, a factor of 1.34. Our two-number approximation can, of course, only reproduce the effect of an average child. It is born after 1 generation length, $T_1 = 1.8$, and starts reproduction correspondingly later. Its average LRH is $(1,1,1/3)$ with $S_2 = 2.33$, $\lambda_2 = 1.70$, $T_2 = 1.60$. Multiplication of generations gives $x = ((\lambda_1/\lambda_0) ** T_1) * ((\lambda_2/\lambda_0) ** T_2)) = 1.36$.

Alternatively, the two generations can be combined into a double generation for which the grandchildren are counted instead of the children. This gives an LRH of $(0,1,2,2.33,1.33,0.33)$ with $S = 7$, $\lambda = 1.77$, $T = 3.40$, $x = (\lambda/\lambda_0) ** T = 1.35$.

Playing around a little more with generation multiplication, consider the case of a lucky breeder $(1,1,1)$ whose 3 children are normal $(1,1)$ but all the 6 grandchildren are again lucky $(1,1,1)$, the great-grand-children normal, their children again lucky and so on. The direct count according to the scheme of Table 1 (but not included there) gives 174 births in the tenth year, or an $174/89 = 1.96$-fold increase. The ten years correspond very nearly to 3.0 double-generations with a grand-children-LRH $= (0,1,2,2,1)$, $S = 6$, $\lambda = 1.74$, $T = 3.24$, yielding a gain of $(\lambda/\lambda_0) ** (3 * T) = 2.00$, or just to 3 lucky plus 3 normal generations yielding $(\lambda_1/\lambda_0) ** (3 * T_1) = 2.00$.

These examples dealt with growing populations. No population can grow forever. Discontinued growth, or a reduction to the original level, will not change our results if started only after a few generations.

Take, for instance, the first example. There are three categories of animals, viz., no longer reproducing (more than two years old), reproducing once more (between one and two years old), and reprodu-cing twice more (youngsters, less than one year old). Comparing the two cases "normal" and "successful", all of these three categories are present in one and the same ratio, 1.24. That is, whatever way we choose to reduce the population, whether suddenly or more slowly, whether more the old or more the young population, that ratio will remain, unless the reduction was not neutral, i.e., was able to affect the offspring of the two cases differently.

The situation changes, however, if we consider discontinued growth or reduction to constant population within one generation. We illustrate this by another version of the first example.

Constant population requires average fitnesses $S = 1$, $\lambda = 1$ (projection matrix of the population), which means in our first example that one-half of the total offspring $S_0 = 2$ will finally not reproduce and should thus not be integrated into the LRH. The "normal" (average) history $(^1/_2,\ ^1/_2)$ gives $S_9 = 1$, $\lambda_9 = 1$ (individual projection matrix), $T_9 = 1.5$ which levels off, after a few years, towards 2/3 births per year (1.0 births per generation length $T_9 = 1.5$ years). The lucky breeder, also losing $^1/_2$ of its offspring, has history $(^1/_2,^1/_2,^1/_2)$ and $S_{10} = 1.5$, $\lambda_{10} = 1.24$, $T_{10} = 1.88$. If, again, all descendants have the normal average history $(^1/_2,^1/_2)$, this levels off towards 1.0 births per year, up by a factor of 1.5. Indeed, $(\lambda_{10}/\lambda_9) ** T_{10} = S_{10} = 1.5$. Table 2 illustrates

Table 2. Early and late births. N: Normal breeder; all later generations are assumed normal

LRH	S	λ	T	x
1,1	2	1.62	1.44	N (waxing) = 1.0
2,0	2	2.00	1.00	1.23
0,2	2	1.41	2.00	0.76
2,1	3	2.41	1.25	1.54
1,2	3	2.00	1.59	1.40
1,1,1	3	1.84	1.80	1.26
0.5,0.5	1	1.00	1.50	N (constant) = 1.0
1,0	1	1.00	1.00	1.00
0,1	1	1.00	2.00	1.00
1,0.5	1.5	1.37	1.30	1.50
0.5,1	1.5	1.28	1.64	1.50
0.5,0.5,0.5	1.5	1.24	1.88	1.50
0.25,0.25	0.5	0.64	1.56	N (waning) = 1.0
0.5,0	0.5	0.50	1.00	0.78
0,0.5	0.5	0.71	2.00	1.23
0.5,0.25	0.75	0.81	1.36	1.38
0.25,0.5	0.75	0.84	1.70	1.60
0.25,0.25,0.25	0.75	0.87	2.06	1.88

quantitatively the well known fact (*r*- and *K*-strategic reproduction) that time of birth plays a role in waxing and waning populations but not in a constant one.

That is to say, it is useful to distinguish clearly between more or less unlimited growth for several generations (niche filling) with later cessation of growth (full niche) or reduction (niche emptying) on the one hand and, on the other hand, essentially-zero growth of levelled populations living in equilibrium with the environment. Observed LRHs will often be a mixture of those two cases, part of the offspring not reproducing again (when it should be removed from the LRH for relevant fitness numbers), the other part inducing growth for several generations followed by a later decrease (or *vice versa*). What is needed for quantitative answers is not an *observed* LRH but a *successful* LRH.

4. Altruistic Acts and Inclusive Fitness

Here, we deal with the effect of *one* single altruistic act on later generations. To our knowledge, no valid definition of inclusive growth rate fitness (inclusive propensity fitness) has hitherto been put forward. We show that an *inclusive LRH* is apt. We consider the same population, with normal (no altruism) LRH of (1,1). Let an altruistic act leave the donor, D, with the loss of its first offspring (cost c) and an LRH of (0,1), yielding the direct fitness numbers $S_3 = 1$, $\lambda_3 = 1$, $T_3 = 2.00$, and $B_3 = 34$ (the following generations are supposed to reproduce normally). The latter number compares to the non-altruistic case by the ratio $B_3/B_0 = 34/89 = 0.38$, estimated as $x = (\lambda_3/\lambda_0) ** T_3 = (1/1.62)^2 = 0.38$. It applies also to the "unlucky" mate of D, even if the mate may start out, in the first year without offspring, as but a virtual mate. There may generally be more than one mate, but fewer offspring with genes from mates is born, so the loss can be considered as a loss for the community of mates. The usual procedure, in the model of projection matrices, of counting only the females seems not advisable for altruistic acts where a systematic genetic difference between altruist and mate(s) is well possible.

Let the recipient R for whom we assume a relatedness $r = 0.5$ receive an additional 3 first-year offspring (benefit b) and an LRH (4,1), $S_4 = 5$, $\lambda_4 = 4.23$, $T_4 = 1.12$, and (again with normal reproduction of later generations) $B_4 = 254$. This compares to the non-altruistic case by the ratio $B_4/B_0 = 254/89 = 2.85$, estimated as $x = (\lambda_4/\lambda_0) ** T_4 = (4.23/1.62) ** 1.12 = 2.93$, and applies also to the "lucky" mate of R (or the lucky community of mates).

However, as far as the donor's altruistic genotype is concerned, R counts but one-half, with LRH (2,0.5). Considering first both D and R together, they count as 1.5 individuals with a ten-year offspring production of 2, 3.5, 5.5, 9, 14.5, 23.5, 38, 61.5, 99.5, and $B_5 = 161$, or additional 27.5 (= a factor of 1.21) compared to the expected $89 * 1.5 = 133.5$ without altruistic act. The *shared inclusive LRH* or *combined LRH* (2,1.5) for 1.5 individuals, or the *average combined LRH* (4/3,1) per individual, gives $S_5 = 3.5/1.5 = 2.33$ per individual, $\lambda_5 = 1.87$, $T_5 = 1.35$. Our estimate yields $x = (\lambda_5/\lambda_0) ** T_5 = (1.87/1.62) ** 1.35 = 1.21$.

The inclusive LRH of the donor alone is found by putting the recipient's relevant surplus offspring $\frac{1}{2}\{(4,1)-(1,1)\} = (1.5,0)$ completely on the donor's account to yield (1.5,1), $S_6 = 2.5$, $\lambda_6 = 2.00$, $T_6 = 1.32$. The inclusive offspring of D (i.e., total of both minus "normal" offspring of R) after ten years is $B_6 = 161 - 89/2 = 116.5$, a factor of 1.31 over the non-altruistic expectation of 89. Our estimate renders $x = (\lambda_6/\lambda_0) ** T_6 = 1.32$.

On the other hand, putting the donor's loss (1,0) completely on the recipient's account yields an inclusive LRH for the altruistic genotype in R of (1,0.5) for the half-counting individual R, or (2,1) per individual, giving $S_7 = 3$, $\lambda_7 = 2.41$, $T_7 = 1.25$. The ten-year output (sum of D + R minus "normal" D) is $161 - 89 = 72$, to be compared to the non-altruistic case for R with output $\frac{1}{2} * 89 = 44.5$. The ratio is $72/44.5 = 1.62$. Our estimate renders $x = (\lambda_7/\lambda_0) ** T_7 = 1.64$.

As seen from the standpoint of the recipient, its direct LRH is reduced by the cost of D who counts $\frac{1}{2}$ as seen from R. The inclusive LRH and inclusive fitness of R as primary individual is thus (3.5, 1), $S_8 = 4.5$, $\lambda_8 = 3.77$, $T_8 = 1.13$, $B_8 = 226.5$. The gain is $B_8/B_0 = 226.5/89 = 2.54$, estimated as $(\lambda_8/\lambda_0) ** T_8 = 2.60$.

The example was chosen such that HAMILTON's [2] famous rule is positively fulfilled, with HAMILTON's number $\mathbf{H} = br - c > 0$. The rule can be directly applied only because cost and benefit occur in the same year or breeding season. In general, a translation into our notation has to be used. It is, obviously,

$$\mathbf{H} \to \lambda_5/\lambda_0 > 1$$

(alternatively, $\lambda_6/\lambda_0 > 1$ or $\lambda_7/\lambda_0 > 1$). We illustrate this by a slight change of the conditions: Let the donor D remain unchanged, with LRH = (0,1) and $c = 1$. However, the recipient R receives the same additional offspring $b = 3$ not in the first, as above, but only in the second year, with LRH = (1,4). The shared LRH is (0.5,3) for 1.5

individuals, yielding $S_5 = 2.33$ (per individual), $\lambda_5 = 1.59$, $T_5 = 1.82$. HAMILTON's translated rule is not fulfilled. The direct ten-year result $D + R$ (if all offspring has normal LRH of $(1,1)$) is $B_5 = 129.5$, a slight loss of 4 as compared to the non-altruistic case. The multiplicative loss of $129.5/133.5 = 0.97$ is estimated as $(\lambda_5/\lambda_0) ** T_5 = 0.97$. Correspondingly, the inclusive LRH of the donor $(0,2.5)$ gives $S_6 = 2.5$, $\lambda_6 = 1.58$, $T_6 = 2.00$, $B_6 = 85$, $B_6/B_0 = 85/89 = 0.95$, $(\lambda_6/\lambda_0) ** T_6 = 0.95$ while the inclusive LRH of the half-counting recipient $(0.5,2) + (-1,0)$ gives $(-1,4)$ as effective LRH per one individual with $S_7 = 3$, $\lambda_7 = 1.56$, $T_7 = 2.47$, $B_7 = 40.5$, $2B_7/B_0 = 40.5/44.5 = 0.91$, $(\lambda_7/\lambda_0) ** T_7 = 0.91$.

The 3 cases (LRH shared $D + R$, inclusive D, inclusive R) are, of course, equivalent, the loss of 4 in the ten-year total result B_5 amounting to about 3% loss for 1.5 individuals $(D + R)$, 5% for 1 (D), and 9% for 0.5 individuals (R). In the foregoing example, the additional 27.5 offspring constitute a gain of 21% (31%, 62%) over the normal offspring for 1.5 (1, 0.5) individuals.

5. Conclusions

As far as the original and *primary* meaning of the fitness concept is concerned, viz., to describe quantitatively the influence of the reproduction of one individual on the gene distribution in later generations, the present definitions of fitness as one-number quantities are, generally speaking, inadequate. Even the use of two numbers, individual fitness and generation length, can fully account only for the simplest once-a-life case of reproduction, but it can provide at least approximate answers to questions that were hitherto unanswerable, especially the primary question of fitness theory as mentioned above. A definite advantage over the use of the growth rate fitness alone is that instead of heavily weighting the offspring by time of birth (a possible problem as discussed by, e.g., BROMMER et al. [1]) a common medium weight is given to the entire offspring. On the other hand, such medium weight is also an advantage over the simple LRS fitness definition that includes no weighting of offspring at all.

Our approach can handle not only cases such as one different LRH – so to speak a lucky or, as well, unlucky breeder –, but also successive different LRHs describing, e.g., a heritable reproduction pattern that is displayed by only part of the offspring. Altruistic acts can be included by defining inclusive fitness as the fitness following from an *inclusive LRH* where the LRHs of different animals are combined. We do not claim that our approach to inclusive fitness is new but we did not find it in the literature.

In order to transfer x into further generations, good or bad luck need not be continued. On the contrary, any continuation must be treated as multiplication of generations, or multiplication of different generations' values of x.

It should be stressed that our approach can do no more than compare the effects of two different LRHs, i.e., we can compare only the outcome in later generations of two individuals or two sets of individuals. We cannot say anything about the *second main question of the fitness concept*, namely the effect of a certain LRH on the *relative abundance* of certain genotypes ("spreading of genes", evolutionary effect). This question cannot be answered without additional information on how often different LRHs occur, and how these are related to certain genes or gene combinations.

Most observed LRHs, as well as most of our examples, would indicate a rapidly growing population. It is, therefore, useful to mention that our results can survive the necessary occasional or – with quantitatively different outcome – quasi-continuous reduction to more or less constant population. One should thus distinguish clearly between the different cases of unlimited growth for several generations (niche filling) with later cessation of growth (full niche) or reduction to a former level (niche emptying, decline of population) on the one hand and, on the other hand, essentially-zero growth of levelled populations living in equilibrium with the environment. If the LRHs are not properly reduced to offspring numbers that actually contribute to the next generation's reproduction, the resulting fitness numbers do not give reliable results. In other words: unreduced observed LRHs and the corresponding fitness numbers are nice for qualitative estimates and comparisons (e.g., the advantage of early births in growing and late births in waning populations) but the reduction to *successful* LRHs is mandatory for quantitative answers to the first question of fitness theory.

Of course, some kind of repetition of luck is necessary for evolutionary consequences. If luck is somehow genetically fixed, for instance if external circumstances favour the occasional luck of a certain allele, one can, in principle, define an "average hereditary luck" with corresponding average S, λ, T, and x valid for all animals carrying that particular allele. This would lead back to the usually considered case, mentioned above, where a definition of a generation length is no longer necessary because all averaged animals are assumed to have the same fully hereditary average LRH – and where it is the observer who is left with the problem of obtaining proper data.

If, on the other hand, no allele, or allele combination, is favoured, any of them will have a chance to be occasionally lucky or unlucky in one particular individual, which thus distinguishes itself from others by any $x \neq 1$ and approximately equalling the x of another lucky/unlucky breeder of perhaps many generations before. Then, as a final result, the allele distribution is not much changed and its multiplicity conserved even if in each single generation the dice seem to favour one particular allele.

Acknowledgement

There are several people to thank but a special mention goes to BARBARA TONKIN-LEYHAUSEN for commenting on the manuscript and correcting our English. Particular thanks are due to H. Winkler of the Konrad-Lorenz-Institut für Vergleichende Verhaltensforschung who was very helpful in contributing to the easier understanding of our use of the fitness concept.

References

[1] BROMMER, J. E., MERILÄ, J., KOKKO, H. (2002) Reproductive timing and individual fitness. Ecol. Lett. **5**: 802–810
[2] HAMILTON, W. D. (1964) The genetic evolution of social behaviour. J. Theor. Biol. **7**: 1–52
[3] HULLEY, P. E., PFLEIDERER, M. (1988) The Coleoptera in poultry manure – potential predators on house flies, *Musca domestica L.* (Diptera, Muscidae). J. Entomol. Soc. South Afr. **51**: 17–29
[4] LEYHAUSEN, P. (1993) Social behaviour, cultural development and population density, part 2. Soc. Bio. Hum. Aff. **58**(2): 1–12
[5] McGRAW, J. B., CASWELL, H. (1996) Estimation of individual fitness from life-history data. Am. Nat. **147**: 47–64
[6] WILSON, E. O. (1975) Sociobiology. Cambridge, MA: Belknap

Authors' addresses: Prof. Dr. Jörg Pfleiderer, Dr. Mircea Pfleiderer, Institut für Astro- und Teilchenphysik der Leopold-Franzens-Universität Innsbruck, Technikerstraße 25, 6020 Innsbruck, Österreich; Karoo Cat Research, Fish River ZA-5883, South Africa. E-Mail: felis@isat.co.za; joerg.pfleiderer@uibk.ac.at.

Sitzungsber. Abt. I (2010) 213: 31–51

Sitzungsberichte

Mathematisch-naturwissenschaftliche Klasse Abt. I
Biologische Wissenschaften und Erdwissenschaften

Temperatures in the Life Zones
of the Tyrolean Alps

By

Walter Larcher and Johanna Wagner

(Vorgelegt in der Sitzung der math.-nat. Klasse am 16. Dezember 2010 durch
das w. M. Walter Larcher)

Abstract

The bioclimatic temperatures that mountain plants experience are very different from
the macroclimatic temperatures and vary according to the exposition, relief, and growth
form. This is shown in the example of boundary layer temperatures recorded in the
Tyrolean Alps between the timberline and the nival zone over several years. Microsite
temperatures were compared to the air temperatures provided by meteorological
stations of the official weather service nearby.

In winter plant temperatures below the snow are largely uncoupled from the free air
temperatures. During the growing season, across all zones, plant temperatures diverge
to differing degrees from free air temperatures depending on the growth form of plants
and the canopy structure. In *Vaccinietum* communities and in closed grassland, average
temperature differences between the free air and plant canopy were 0.5 K in July and
August. Prostrate mats of the *Loiseleuria* heath, rosette and cushion plants, however,
heat up much more than erect plants during sunny periods, and mean plant temperatures
were about 2–3 K warmer than the free air temperatures. As a result, the adiabatic lapse-
rate for bioclimatic temperatures of the life zones in the Alps does not parallel the
adiabatic lapse rate of free air temperatures.

1. Introduction

The elevational zonation of the vegetation in high mountains reflects
the different growth limits of plant species. The decrease of diversity
and density of species mirror the adverse life conditions [17, 33]. The

high mountain climate is defined by a small-scale, terrain-dependent and short-term changeability [1, 42]. Sunny slopes and windy ridges are fairly dry and show rather little snow in winter whereas sheltered depressions are relatively wet in summer and permanently covered with snow during winter. Above the timberline, the duration of snow cover not only depends on the altitude but also on topography. With incomplete snow cover, characteristic patterns of snow patches and snowmelt areas develop for a given terrain. In these patches, which can be covered by winter snow as late as mid June and August, the growing season is very short and thus unfavourable for growth and development of high mountain plants.

The bioclimate, which is the microclimate from the upper surface of the vegetation down to the deepest roots in the soil is more balanced, warmer and wetter than the surrounding air [31]. Among the different climatic factors, temperature is of crucial importance to the life processes of plants. The thermal climate that mountain plants experience is very different from free-air temperatures. The boundary layer temperatures in micro-habitats demonstrate that weather services data are unable or not relevant [37]. In the night, plant temperatures are similar to the free-air temperatures or, due to radiation cooling, are even lower. During the daytime hours, plants can considerably heat up above the air temperature on clear days with low wind, whereas in periods with clouds, wind and precipitation plant temperatures approximate to the air temperatures [4, 24].

Plant architecture and thus the canopy structure additionally affects the thermal bioclimate. Generally, prostrate growing plants as prostrate dwarf shrubs, rosettes and cushions decouple their climate stronger from the ambient than erect plant forms in that they accumulate more heat during daytime at high irradiation, but may also lose more heat by thermal re-radiation at clear sky during the night [17].

In the last 50 years of mountain research in the Tyrolean Alps comprehensive microclimatic and ecological studies have been carried out. In this contribution, representative examples of plant temperatures in diverse habitats between timberline (1950 m a.s.l.) and glacier regions (subnival and nival zone up to 3450 m a.s.l.) are presented and compared to the air temperatures recorded by the nearest meteorological stations of the official weather service. Study sites were in a treeline ecotone [2, 41, 46], in dwarf-shrub communities of the lower alpine zone [4, 23], in closed alpine grassland (e.g. [6, 40]), in open alpine vegetation and in the alpine-nival ecotone (e.g. [22, 30, 35]), and in a nival area with scant patchy vegetation [32, 44].

2. Air Temperatures Beyond of the Timberline

Air temperatures steadily decrease with increasing elevation. In the Alps, the temperatures of the free atmosphere are reduced, according to the adiabatic lapse rate, which amounts to 0.55–0.62 °C (annual mean) and 0.60–0.65 °C (in summer) per 100 m from the bottom of the valley to the high mountain regions [11]. In the Tyrolean Central Alps (period 1995–2009), the annual mean adiabatic lapse rate amounts to 0.59 °C/100 m between the timberline (1950 m a.s.l.) and the glacier foreland (2850 m a.s.l.), and to 0.46 °C/100 m between the upper alpine zone (2247 m a.s.l.) and the glacier foreland.

In the Central Alps, the annual mean air temperatures were 3.0 °C at the timberline (Mt Patscherkofel; 1950 m a.s.l.), 0.5 °C in the alpine zone (summit of Mt Patscherkofel; 2247 m a.s.l.), –2.3 °C at the glacier foreland (Mittelbergferner, Ötztal Alps; 2850 m a.s.l.) and –5.8 °C in the nival zone (Mt Brunnenkogel, Ötztal Alps; 3440 m a.s.l.). Mean temperatures during summer were 10.6 °C in July and 10.7 °C in August at the timberline, 8.5 °C in the upper alpine zone in both months, 5.6 and 5.7 °C in the glacier foreland, and only 1.6 °C and 1.9 °C in the nival zone (Tables 1–4). The long-time temperatures in the alpine zone calculated for the climate normal period 1961–1990 on the

Table 1. Air temperatures at 2 m height at the timberline of Mt Patscherkofel (1950 m a.s.l.; 11°27′02″E–47°12′22″N) provided by the Federal Office and Research Centre for Forests (G. WIESER; unpubl. data). (*Tm*) mean air temperature; (*Max abs*) absolute maximum; (*Min abs*) absolute minimum. *Frost-free*: number of days with >0 °C

1995–2009	Tm	Max abs	Min abs	Day with frost-free
January	–3.9	14.4	–20.0	8
February	–4.0	12.6	–19.0	8
March	–2.3	13.9	–19.6	11
April	1.0	17.3	–16.4	15
May	6.3	23.0	–8.1	28
June	9.4	25.1	–4.5	25
July	10.6	25.0	–2.6	29
August	10.7	25.8	–0.9	30
September	7.1	22.9	–5.2	22
October	4.9	21.2	–11.2	23
November	–0.8	14.4	–22.4	13
December	–3.5	11.4	–22.9	9
Year	**3.0**			220
Extreme		*25.8 (2003)*	*–22.9 (2001)*	

Table 2. Air temperatures at 2 m height at the summit of Mt Patscherkofel (2247 m a.s.l.; 11°27′39″E–47°12′31″N) provided by Central Institute for Meteorology and Geodynamics, Regional Center for the Tyrol and Vorarlberg. (*Tm*) mean air temperature; (*Max abs*) absolute maximum; (*Min abs*) absolute minimum. *Frost-free*: number of days with >0 °C

1995–2009	Tm	Max abs	Min abs	Day with frost-free
January	–6.1	9.0	–21.8	1
February	–6.5	8.6	*–23.8*	1
March	–5.0	9.7	–22.5	2
April	–1.9	11.5	–18.8	6
May	3.6	18.3	–8.6	19
June	6.9	21.5	–6.9	24
July	8.5	20.2	–2.8	29
August	8.5	*21.8*	–3.8	30
September	4.8	18.8	–6.4	22
October	2.6	15.7	–12.9	18
November	–3.2	10.6	–19.4	4
December	–5.7	7.3	–23.4	1
Year	**0.5**			156
Extreme		*21.8 (2003)*	*–23.8 (2005)*	

Table 3. Air temperatures at 2 m height at the Mittelbergferner (Ötztal Alps 2850 m a.s.l.; 10°52′58″E–46°55′33″N) provided by Central Institute for Meteorology and Geodynamics, Regional Center for the Tyrol and Vorarlberg. (*Tm*) mean air temperature; (*Max abs*) absolute maximum; (*Min abs*) absolute minimum. *Frost-free*: number of days with >0 °C

1995–2009	Tm	Max abs	Min abs	Day with frost-free
January	–8.7	5.8	–26.0	0
February	–9.3	6.9	*–29.0*	0
March	–8.0	6.8	–26.3	0
April	–5.0	8.0	–23.4	0
May	0.4	13.0	–14.7	8
June	3.6	15.4	–11.2	16
July	5.6	*17.6*	–6.6	22
August	5.7	17.5	–6.3	25
September	2.2	15.3	–10.1	15
October	0.1	12.6	–19.4	9
November	–5.7	9.5	–21.7	1
December	–8.3	5.3	–25.2	0
Year	**–2.3**			94
Extreme		*17.6 (2005)*	*–29.0 (2005)*	

Table 4. Air temperatures at 2 m height at the summit of Mt Brunnenkogel (Ötztal Alps 3440 m a.s.l.; 10°51′42″E–46°54′46″N) provided by Central Institute for Meteorology and Geodynamics, Regional Center for the Tyrol and Vorarlberg. (*Tm*) mean air temperature; (*Max abs*) absolute maximum; (*Min abs*) absolute minimum. *Frost-free*: number of days with >0 °C

2003–2009*	Tm	Max abs	Min abs	Day with frost-free
January	−12.5	0.0	−29.1	0
February	−13.5	1.0	−30.8	0
March	−12.3	1.7	−28.4	0
April	−7.7	0.9	−20.0	0
May	−3.9	8.8	−18.6	2
June	−0.5	11.0	−14.7	7
July	1.9	12.3	−9.0	15
August	1.6	12.7	−10.5	13
September	−0.1	11.9	−12.3	8
October	−3.3	8.7	−22.2	3
November	−8.2	3.2	−24.1	0
December	−11.5	1.1	−30.0	0
Year	**−5.8**			48
Extreme		*12.7 (2003)*	*−30.8 (2005)*	

* In operation since 2003

basis of 2 m air temperature on Mt Patscherkofel amounts to 0.2 °C for the annual mean, and 8.0 and 8.1 °C for the summer months July and August.

The number of frost-free days per year declines from 220 days at the timberline to 156 days in the upper alpine zone, to 94 days in the glacier foreland and to 48 days in the nival zone. During midsummer (July to August) freezing temperatures from −3 °C in the alpine zone to −7 °C in the subnival zone and −10 °C in the nival zone can occur. During winter, absolute minima of the air temperature of the free atmosphere ranged from −23 to −24 °C in the treeline ecotone and alpine zone, and reached as low as −29 and −31 °C in glacier regions. However, most high mountain plants are hardly affected by these low temperatures as they are protected by a layer of snow.

3. Temperatures in the Alpine Dwarf-shrub Heath

In the Central Alps the alpine dwarf shrub heath covers the treeline ecotone and the lower alpine zone [14]. *Rhododendron ferrugineum* grows beyond the timberline (ca. 1900–2000 m a.s.l.) followed by the Rhododendro-Vaccinietum community with *Vaccinium myrtillus*,

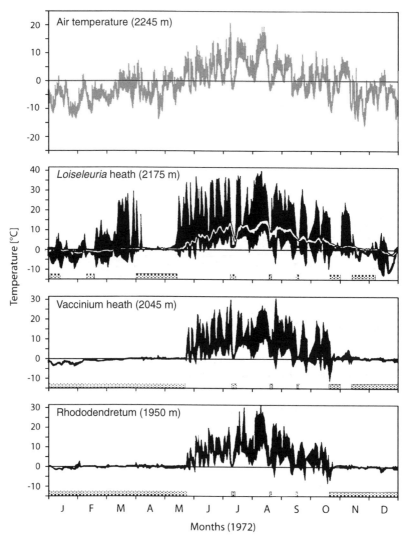

Fig. 1. Annual course of air temperature (2 m) and canopy temperatures of dwarf shrub heaths measured in three different plant communities at different sites in the Central Alps near Innsbruck (Mt Patscherkofel; 2247 m a.s.l.). Even though 1972 was a cool year, the absolute minimum temperatures were not very low during winter. Black area: daily minimum and maximum temperatures. White strip: soil temperature at 10 cm depth in *Loiseleuria* heath. Grey bars: snow cover. Temperatures were recorded with mobile meteorological equipment using platinum thermometers ([4], modified)

V. uliginosum and *Calluna vulgaris*. The limit of the dwarf shrub belt is reached at ca. 2200–2400 m a.s.l. Here, prostrate mats of Loiseleurio-Cetrarietum (*Loiseleuria procumbens* and lichens) are found. Figure 1 shows annual time courses of canopy temperatures in three different dwarf shrub heaths and air temperatures at 2 m on Mt Patscherkofel near Innsbruck. In 1972 the annual means of canopy temperatures were 2.8 °C within the 60 cm high *Rhododendron* shrubs, 3.4 °C in the 1.5 cm high prostrate mats of *Loiseleuria* and 2.7 °C in the 20–26 cm high *Vaccinium* heaths.

In winter, *Rhododendron* shrubs and *Vaccinium* heaths are usually protected from low temperatures by a snow cover which lasts for 6 months. In early winter, however, lower temperatures can occur due to thin layers of snow. The generally wind-blown *Loiseleuria* heath is only covered by snow for 4–5 months because of snow drift. Under sunny conditions and in the absence of snow cover above-ground plant parts can warm up considerably at noon. On a clear winter day in 1972, for example, air temperatures of –5 °C were measured, while temperatures of +15 °C and +20 °C occurred in the prostrate mats of *Loiseleuria* and +10 °C and +13 °C in low *Calluna*-shrubs [23].

In summer, the temperatures very seldom dropped below –3 °C in the dwarf-shrub heaths. During the climatically potential growing season the average mean temperatures were about 7–8 °C in *Rhododendron* shrubs at the treeline [27]. A frequency distribution was calculated for the same habitat (Fig. 2); temperatures of 0–5 °C occurred most

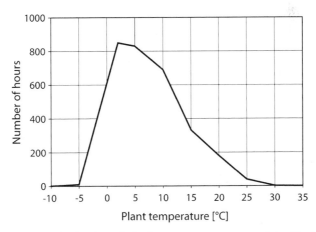

Fig. 2. Frequency distribution of shrub temperatures measured in *Rhododendron ferrugineum* (at 45 cm height) at the timberline (1950 m a.s.l.) from May 1 to September 15, 1982. Recorded by platinum thermometers. Data by SIEGWOLF [38]

frequently (35% of the hours measured) and temperatures of 5–10 °C were second most frequent (32% of the hours measured). Frosty temperatures as low as –6 to –7 °C occurred with a frequency of 13% in May and from September to October.

In the low prostrate mats of *Loiseleuria* mean maximum temperatures of 20–30 °C were recorded in the summer. Short-term temperatures of 30–32 °C were repeatedly measured on south exposed slopes, maximum temperatures were as high as 35–38 °C. On summer days with strong incoming radiation absolute maximum leaf temperatures of 40–42 °C and boundary layer temperatures of up to 50 °C occurred. When skies are clear, soil is dry and there is little wind the patches of bare humic soil in the vegetation gaps can even reach surface temperatures as high as 50–55 °C [20].

4. Temperatures in the Alpine Grassland

Closed vegetation with plant growth forms characteristic of alpine grasslands cover the broad transect from the timberline to about 2500 m a.s.l. In the Central Alps, Sieversio-Nardetum strictae and

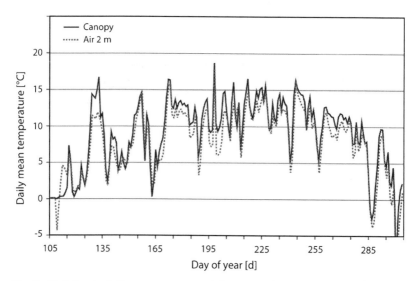

Fig. 3. Variation in daily mean canopy and free atmosphere temperatures during the growing season on a S-facing slope at 2000 m a.s.l. in the Passeier valley (Stubai Alps; 11° 15′50″E–46° 49′56″N). Solid line: canopy temperature; thin line: air temperature at 2 m height. Temperatures were recorded using small data loggers with a NTC-pearl sensor. Data by E. TASSER [40]

Caricetum curvulae (Curvuletum) form the upper alpine grassland plant communities while in the Calcareous Alps Seslerio-Caricetum sempervirentis (Seslerio-Semperviretum) and *Festuca*-communities are found [13]. These alpine grasslands occur on S- or SW-facing slopes which benefit from the steep radiation angle and are therefore warmer and drier than the shady N-facing slopes or depressions.

On a sunny slope at 2000 m a.s.l. in the Stubai Alps variations in daily mean temperatures were measured in a community of Caricetum-sempervirentis and Nardetum strictae during the climatically potential growing season from mid April until the end of October (Fig. 3). During the investigated growing season the daily mean air temperatures were 9.3 ± 4.5 °C, and 8.3 ± 4.1 °C within the canopy [40]. The highest daily mean temperatures were 18.6 °C (canopy) and 17.7 °C (at 2 m); the lowest were –2.6 °C (canopy) and –3.9 °C (at 2 m).

In the canopy, the +5 °C daily mean temperature threshold was passed in the first week of May (day of year 127) and stayed above this level until October 1997 (day of year 296). This base temperature of 5 ± 2 °C is enough for sedges and grasses to maintain continuous growth [25]. In May, heading and anthesis (threshold 10–12 °C) occur. Between June (day of year 170) and September (day of year 254) fluctuating daily mean temperatures of between 10–15 °C were recorded. Metabolism, storage and reproduction peak during these 12 weeks [36, 43].

At the same altitude considerable differences in canopy temperatures between SW-facing and NE-facing slopes were observed. Two tempera-ture loggers were positioned on the summit of Mt Patscherkofel (south-ern slope: 2200 m a.s.l., 25 ° inclination; northern slope: 2230 m a.s.l., 35 ° inclination) to record the temperatures in the Curvuletum (Table 5).

Table 5. Canopy temperatures and dates of different sites of upper alpine grassland during the snow free-period during the climatically normal year in 2000

Characteristics	North-east site 2230 m a.s.l.	Southwest site 2200 m a.s.l.
Mean plant temperatures during the snow-free period	6.4 °C	8.5 °C
Most frequent temperature range	0–5 °C	5–10 °C
Absolute maximum	29.4 °C	34.3 °C
Absolute minimum	–3.5 °C	–2.7 °C
Length of the snow-free period	145 d	154 d
Days with ≤0 °C	52 d	32 d
Days with >0 °C	93 d	112 d

The mean boundary layer temperatures on the sunnier SW-facing slope were higher by 2 K than on the cooler NE-facing slope throughout the whole growing season.

Throughout the whole measuring period temperatures ranging from 5 to 10 °C were most common on the SW-facing slope. On the NE-facing slope temperatures between 0 and 5 °C were most common. In addition, for the SW-facing slope, the frequency of the daylight and night hours was calculated separately. During the night, temperatures between 0 and 5 °C as well as 5 and 10 °C were most frequent. During daylight hours the range of the frequency distribution was much broader, namely 0–20 °C. In the snow free period (May until June) there were 32 days of night frost (absolute minimum –2.7 °C) on the SW-facing slope and 52 days of frost (absolute minimum –3.5 °C) on the NE-facing slope. The monthly means of the daily maximum were 17 °C (July) and 24 °C (August) on the SW-slope and 15 °C (July) and 18 °C (August) on the NE-slope.

CERNUSCA and SEEBER [7] investigated the vertical profiles of temperature, of a Curvuletum in the Hohe Tauern at an altitude of

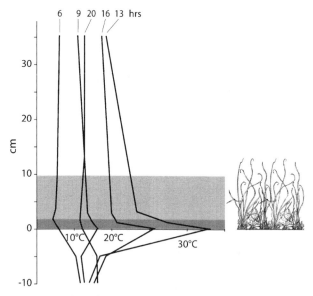

Fig. 4. Vertical distribution of air and soil temperatures (T) measured on a clear day in the Curvuletum at 2300 m a.s.l. Canopy structure: shaded light area: graminoids growth form (mostly *Carex curvula*), dark area: layer of rosettes (e.g. *Primula minima*). Temperatures were recorded with mobile meteorological equipment using platinum thermometers [5]

2300–2400 m a.s.l. The average height of the canopy is 6–12 cm and shows a two layer structure: the top layer is mostly made up of *Carex curvula* and other grasses, whereas the underlying layer consists of prostrate herbaceous vascular plants, mosses and lichens. The top layer is more often exposed to wind with extensive heat transfer and little overheating under conditions of intensive solar radiation. The bottom layer (0 °C to 2 cm) is not only wind protected but also warmer (ca. 10–15 K).

On a bright summer day in August the daily fluctuations of temperatures were 9.5 K at 2 m, 19 K at the average canopy height of the Curvuletum and 36 K at the boundary layer. During the night canopy temperatures dropped considerably due to thermal re-radiation. In the morning, canopy temperatures were below the temperatures at 2 m. With increasing incoming radiation the canopy heated up. A clear overheating of the canopy can also be detected in the daily mean temperatures. Thus, on a clear sunny day, daily means of boundary layer temperatures were 5 K higher than the daily mean temperature at 2 m. Temperatures at 3 cm were only higher than the daily mean temperature at 2 m by 1 K (Fig. 4). On cloudy days the heating effect is only half as big.

5. Temperatures in Open Alpine Vegetation

Beyond the closed alpine grassland the sparse vegetation of the upper alpine life zone begins. The prostrate plant life forms like dwarf shrubs, short graminoids, rosettes and cushion plants inhabit the micro-habitats. Figure 5 shows examples of the annual course of boundary layer temperatures at two contrasting sites.

In winter, prostrate plants growing at microsites sheltered from the wind are mostly covered with snow. Until the end of May these plants experience temperatures between 0 and –3 °C. Pioneer plants and cushion plants growing at sites exposed to the wind, however, have to endure free atmosphere temperatures. On south exposed slopes, snow-melt starts in the first and second week of May. Between 2300 and 2500 m a.s.l. the duration of the growing season (until September) is normally 100–120 days.

In the summers of 2001 and 2002 – climatically normal years – the monthly means of boundary layer temperatures (July and August) were about 9–11 °C; in 2003 – with an exceptionally long, warm and dry summer – mean temperatures were 11.7 °C in July and 13.0 °C in August [21]. The daily minimum temperatures during the summer were

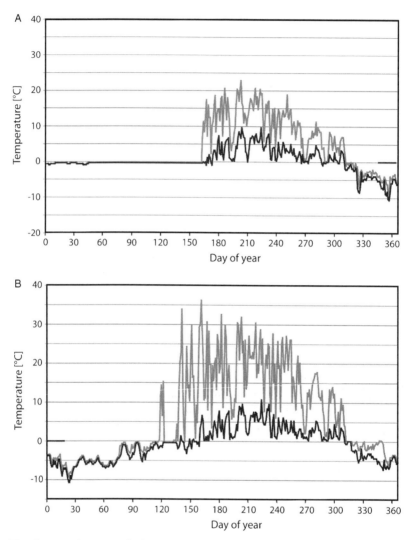

Fig. 5. Annual course of plant temperatures on a Northern Calcareous Mountain range (Hafelekar; 11°23′11″E–47°18′46″N) in the climatically normal year of 2004; (A) a snow-rich northern site (2324 m a.s.l.); (B) a windy western ridge (2314 m a.s.l.). Upper line: daily maximum, lower line: daily minimum. Temperatures were recorded using small data loggers with a NTC-pearl sensor; loggers were protected from direct radiation [29]

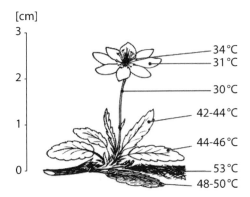

[cm]

3 —

2 —

1 —

0 —

34 °C
31 °C

30 °C

42-44 °C

44-46 °C

53 °C
48-50 °C

Fig. 6. *Dryas octopetala* in rocky habitats at 2300 m a.s.l. in midsummer with clear skies, dry soil and little wind. Living leaves were 42–46 °C, dead leaves 48–50 °C, and litter and black humus on the soil surface were 53 °C. Measurements by W. LARCHER using thermocouples

3–10 °C, daily maximum temperatures on a N-slope about 20–25 °C and on a W-slope 25–30 °C. In July and August temperatures between 5 and 10 °C were most common (38% (N) and 31% (W) of total hours). The warmer temperature classes (above 10 °C) together added up to 37% (N) and 39% (W) of total hours.

Heat stress in high mountain regions is brought about by intensive incoming radiation, shelter from the wind and dry soil surface on S and SW facing slopes. During summer, prostrate plants of the alpine zone repeatedly reach maximum noon temperatures of 30–35 °C. On rocky sites plants can reach such high temperatures that some plant parts are prone to heat threat [3]. Small layering shrubs, e.g. *Dryas octopetala*, reached temperatures of more than 40 °C (Fig. 6). Even higher temperatures were found on *Sempervivum* rosettes; on midsummer days we repeatedly measured leaf temperatures of about 50 °C [26].

Cushion plants, especially on south exposed slopes, can also heat up considerably. On a clear day in midsummer *Silene acaulis*, *Saxifraga oppositifolia* and *Carex firma* were measured with an infrared pyrometer (PRT-10 L, Barnes, Stamford, USA) at sites 2300 m a.s.l. in the Northern Calcareous Alps [29]: maximum temperatures of 35 °C were recorded in *Silene* and *Saxifraga*, and the dry cushions of *Carex firma* heated up to 46 °C. Even higher temperature maxima (above 40 °C) were measured in cushions of *Silene acaulis* by NEUNER et al. [34] at a subalpine site, resulting in maximum air to leaf temperature differences up to 22 K. Dome-shaped cushions often show large differences in temperature between the sunny and the shady side. For *Silene acaulis* could be shown that the temperature gradient across the cushion reaches a maximum at 10 a.m. (9 K) and at 4 p.m. (12 K) and is smaller during the midday hours, when the angle of incidence of the solar radiation is higher [19].

6. Temperatures in Pioneer Plants in the Glacier Region

In the Central Alps, the microclimatic temperatures show marked differences between the subnival ecotone ("transition from the upper alpine to the nival zone"; [33]) and the nival zone. Temperatures were measured in the subnival ecotone in the glacier foreland of the Schaufelferner (2880 m a.s.l.; Stubai Alps) at a windy and rocky plateau with scattered vegetation and little snow cover in winter (Fig. 7A). Cushion species and isolated rosette plants were most commonly found in this scant patchy vegetation. Microclimatic temperatures in the nival zone were recorded on Mt Brunnenkogel (3440 m a.s.l.) in the Ötztal Alps. This mountain rises like a nunatak from the glacier area and is fully glaciated on the northern side. Small temperature loggers were placed on the soil surface between *Ranunculus glacialis* individuals (Fig. 7B).

During winter below the snow, temperatures were between –5 and –10 °C at both sites. However, during periods with a sparse snow cover plants experienced temperatures of down to ca. –25 °C. At both localities, the snow melted between the end of June and the beginning of July in 2004. In autumn snow cover was complete at the beginning of September on Mt Brunnenkogel or at the end of September in the glacier foreland of the Schaufelferner. Thus, the duration of the snow-free period was 93 days at the subnival sites and 74 days on the summit of Mt Brunnenkogel.

During the growing season frosty temperatures were regularly measured in the sparse vegetation and at the soil surface. In midsummer (July and August) temperature minima between –2 and –3 °C were recorded on about 20 days in the subnival ecotone and temperature minima down to –5 °C were recorded on about 50 days on the nival summit. Abrupt changes in weather patterns are characteristic of high mountain climate. After a cold wave, plants at these altitudes can be suddenly snowed in for several days (Fig. 8).

On the other hand, due to high irradiation, high boundary layer temperatures can also occur in the glacier region on clear days. From July until mid-August temperature maxima of about 25 °C were

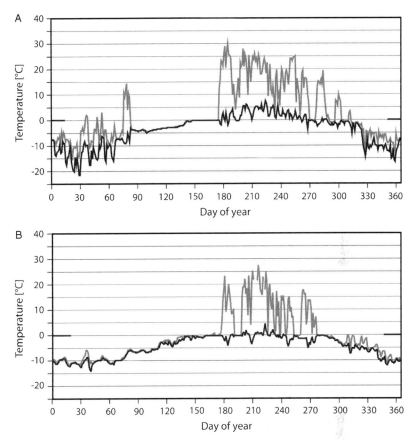

Fig. 7. (A) Annual course of boundary layer temperatures at a subnival site in the glacier foreland of the Schaufelferner in the Stubai Alps (2880 m a.s.l.; 11°06′56″E–46°59′14″N) in the climatically normal year of 2004. A small temperature logger ("StowAway Tidbit") was installed in a cushion of *Saxifraga bryoides*. Upper line: daily maximum, lower line: daily minimum [29]. (B) Annual course of boundary layer temperatures at the nival site on Mt Brunnenkogel in the Ötztal Alps (3440 m a.s.l.; 10°51′42″E–46°54′46″N) during the year 2004. The temperature logger was placed in the shade of *R. glacialis* leaves. Upper line: daily maximum, lower line: daily minimum [28]

recorded at both sites. Overall boundary layer mean temperatures during the growing season were 8.2 °C at 2880 m a.s.l. and 3.6 °C at 3440 m a.s.l.

The difference between the subnival ecotone and nival zone is most clearly seen when comparing the frequency distribution of the number of hourly temperatures. During the snow-free period 33% of hours

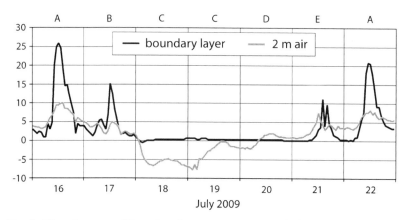

Fig. 8. Diurnal course of boundary layer temperatures and air temperatures at 2 m height on Mt Brunnenkogel (3440 m a.s.l.) during a cold wave in summer. (A) Clear skies at noon bring about overheating on the soil surface; clear nights can induce low temperatures in the morning due to re-radiation. (B) Beginning of cold front; (C) cold wave and snow fall; (D) snow covered sites; (E) snow melt. Temperatures were recorded by data loggers placed on the soil surface; air temperatures of the free atmosphere were provided by the Regional Centre for Meteorology (zamg.ac.at)

were between 0 and 5 °C (Schaufelferner) in contrast to 43% on Mt Brunnenkogel. Furthermore, on Mt Brunnenkogel, 31% of all hours showed temperatures of less than 0 °C. At 2880 m a.s.l. almost half of the night hours are between 0 and +5 °C whereas the temperatures of the daylight hours are more evenly distributed with about 20–25% of the hours in all temperature ranges between 0 and 20 °C. Subzero temperatures (absolute minimum –4 to –4.5 °C) were measured in 6% of all hours at the subnival site and in 31% of all hours on the nival summit site. That means that in contrast to the subnival ecotone, boundary layer temperatures on summits in the nival zone frequently show subzero temperatures.

7. Temperatures in the Phytosphere and Free Atmosphere Across the Altitude Zones

Plant temperatures across the alpine and the nival zone in the Alps differ from free air temperatures provided by the weather services (Table 6). The vegetation cover under full solar radiation heats up so that the elevational gradient of the canopy temperatures is lower than that of the air temperatures. In dense canopies of Rhododendro-Vaccinietum communities the mean temperatures during the climatically potential

Table 6. Bioclimatic temperatures of the different life zones in the Alps. All microclimatic temperature data were measured on sunny slopes. The data of the bioclimatic temperatures and free atmosphere were collected at the same time of years. Mean temperature during the climatically potential growing season ($Tm\ CPGS$: the period from snowmelt in spring to daily mean temperatures below subzero in autumn); (T_{plant}) mean plant temperatures in open vegetation or canopy temperatures (alpine grassland and dwarf-shrubs heath) and (T_{air}) mean free air temperatures during July and August

Vegetation	Altitude [m]	Sites CPGS [d]	Tm CPGS [°C]	T_{plant} July+Aug [°C]	T_{air} July+Aug [°C]	$T_{plant}-T_{air}$ [K]*
Glacier area *Ranunculus glacialis*	>3000	85 (60–100)	ca. 4	4.5	ca. 2	2.5
Glacier foreland cushions	2650–2880	105 (65–120)	ca. 8.5	9.0–9.5	5.5–6.0	3.5
Alpine patchy vegetation cushion and rosette plants	2200–2400	120–140	ca. 9	ca. 9–10	7–8	2
Alpine grassland canopy	1900–2200	140–150	9–11	ca. 11	ca. 10.5	0.5
Alpine dwarf-shrubs *Loiseleuria* *Vaccinium* sp.	2000–2200	175 (120–200)	10 8	ca. 11 ca. 9	ca. 8 ca. 8.5	3 0.5
Rhododendretum	1900–2100	ca. 150	8–10	10–11	10	1

* Temperatures are presented in K, as differences of degrees centigrade

growing season (i.e. the period from snowmelt in spring to daily mean temperatures below subzero in autumn; [39]) were 8–10 °C; in the prostrate growing dwarf shrub communities (*Loiseleuria* heath) and in the sunny alpine grasslands they were between 9 and 11 °C; during the summer (July and August) canopy temperatures of about 11 °C were measured. Beyond 2200–2300 m a.s.l. the mean plant temperatures did not pass the threshold of 9–10 °C at any time during the growing season. In the upper alpine life zone and in the glacier foreland individual plants e.g. cushion and rosette plants and short graminoids had mean temperatures of 8–9 °C. At the nival microsites near the glacier mean temperatures were only 4.5 °C during the active period of the plants. In the present study the adiabatic lapse rate of plant temperatures was 0.23 °C per 100 m (2000–2880 m a.s.l.) for July and August.

Mean differences between plant temperatures and the free air temperatures amounted to 0.5–1 K in Vaccinietum communities mainly composed of erect plant forms. Mean temperature difference was 3 K in prostrate mats of the *Loiseleuria* heath, both for the canopy (see Table 5) and for shoot meristems 3–5 K [16]. Temperature difference was 2 K in rosette plants and 3 K in cushion plants.

8. Conclusions

Diversity in plants is reflected in the diversity of bioclimatic temperatures. The different plants architectures have an important influence on the different temperatures [18]. Measurements in different habitats at different elevations have shown that, under high irradiation, prostrate plants are thermally favoured and can accumulate more heat than erect forms. Thus, prostrate growth forms lessen the impact of the rough high mountain climate and allow alpine plants to successfully survive and reproduce. Most high mountain plants show a broad temperature amplitude for metabolism, growth and stress resistance [17]. Those plant species that stay in their habitat and show broad acclimatisation amplitudes or physiologically contrasting ecotypes [8–10] survive successfully. Under climate change conditions less acclimatised species have to migrate to adequate small-scale microsites [12, 15, 45].

Acknowledgements

Many thanks to the Central Institute for Meteorology and Geodynamics, Regional Center for Tirol and Vorarlberg (Head Dr. KARL GABL), the Federal Office and Research Centre for Forests (data provided by G. WIESER; Innsbruck), the Institute of Ecology and the Institute of Botany, University Innsbruck (ULRIKE TAPPEINER,

MICHAEL BAHN, CHRISTIAN NEWESELY; ERICH TASSER, and URSULA LADINIG) for providing data. Thanks to "pdl, Dr. Eugen Preuss" Innsbruck, for image processing.

References

[1] AULITZKY, H. (1953) Forstmeteorologische Untersuchungen an der Wald- und Baumgrenze in den Zentralalpen. Archiv für Meteorologie, Geophysik und Bioklima **B4**: 294–310

[2] AULITZKY, H. (1968) Die Lufttemperaturverhältnisse einer zentralalpinen Hanglage. Archiv für Meteorologie, Geophysik und Bioklima **B16**: 18–69

[3] BUCHNER, O., NEUNER, G. (2003) Variability of heat tolerance in alpine plant species measured at different altitudes. Arctic Antarctic Alpine Research **35**: 411–420

[4] CERNUSCA, A. (1976) Bestandes-Struktur, Bioklima und Energiehaushalt von alpinen Zwergstrauchbeständen. Oecologia Plantarum **11**: 71–102

[5] CERNUSCA, A. (1977) Bestandesstruktur, Mikroklima, Bestandesklima und Energiehaushalt von Pflanzenbeständen des alpinen Grasheidegürtels in den Hohen Tauern. In: CERNUSCA, A. (ed.) Alpine Grasheide Hohe Tauern. Veröffentlichung des österreichischen MaB-Programms 1. pp. 25–45. Verlag Wagner, Innsbruck

[6] CERNUSCA, A. (1989) Struktur und Funktion von Graslandökosystemen im Nationalpark Hohe Tauern. Veröffentlichung des österreichischen MaB-Programms 13. Verlag Wagner, Innsbruck

[7] CERNUSCA A., SEEBER, M. C. (1989) Phytomasse, Bestandesstruktur und Mikroklima von Grasland-Ökosystemen zwischen 1612 und 2300 m in den Alpen. In: CERNUSCA, A. (ed.) Struktur und Funktion von Graslandökosystemen im Nationalpark Hohe Tauern. Veröffentlichung des österreichischen MaB-Programms 13. pp. 419–461. Verlag Wagner, Innsbruck

[8] CRAWFORD, R. M. M., ABBOTT R. J. (1994) Pre-adaptation of arctic plants to climate change. Botanica Acta **107**: 271–278

[9] CRAWFORD, R. M. M., CHAPMAN, H. M., ABBOTT, R. J., BALFOUR, J. (1993) Potential impact of climatic warming on Arctic vegetation. Flora **188**: 367–381

[10] DIEMER, M. (2002) Population stasis in a high-elevation herbaceous plant under moderate climate warming. Basic and Applied Ecology **3**: 77–83

[11] FRANZ, H. (1979) Ökologie der Hochgebirge. Ulmer, Stuttgart

[12] GOTTFRIED, M., PAULI H., REITER, K., GRABHERR, G. (1999) A fine-scale predictive model for changes in species distribution patterns of high mountain plants induced by climate warming. Diversity and Distribution **5**: 241–251

[13] GRABHERR, G., MUCINA, L. (1993) Die Pflanzengesellschaften Österreichs. II. Natürliche waldfreie Vegetation. Gustav Fischer Verlag, Jena

[14] GRABHERR, G., NAGY, L., THOMSON, D. B. A. (2003) An outline of Europe's alpine areas. In: NAGY, L., GRABHERR, G., KÖRNER, CH., THOMSON, D. B. A. (eds.) Alpine biodiversity in Europa, pp. 3–12. Springer, Berlin Heidelberg New York

[15] GRABHERR, G., GOTTFRIED, M., GRUBER, A., PAULI, H. (1995) Patterns and current changes in alpine plant diversity. In: CHAPIN, F. S., KÖRNER, CH. (eds.) Arctic and alpine biodiversity: patterns, causes and ecosystem consequences, pp. 167–181. Springer, Berlin Heidelberg New York

[16] GRACE, J., ALLEN, S., WILSON, C. (1989) Climate and meristem temperatures of plant communities near the tree-line. Oecologia **79**: 198–204

[17] KÖRNER, CH. (2003) Alpine plant life, 2nd edn. Springer, Berlin Heidelberg New York

[18] KÖRNER, CH., COCHRANE, P. M. (1983) Influence of plant physiognomy on leaf temperature on clear midsummer days in the Snowy Mountains, south-eastern Australia. Acta Oecologia **4**: 117–124

[19] KÖRNER, CH., DE MORAES, J. A. P. V. (1979) Water potential and diffusion resistance in alpine cushion plants on clear summer days. Oecologia Plantarum **14**: 109–120

[20] KRONFUSS, H. (1972) Kleinklimatische Vergleichsmessungen an zwei subalpinen Standorten. Mitt. Forstl. Bundes-Versuchsanstalt Wien **96**: 159–176

[21] LADINIG, U., WAGNER, J. (2005) Sexual reproduction of the high mountain plant *Saxifraga moschata* Wulfen at varying lengths of the growing season. Flora **200**: 502–515

[22] LADINIG, U., WAGNER, J. (2009) Dynamics of flower development and vegetative shoot growth in the high mountain plant *Saxifraga bryoides* L. Flora **204**: 63–73

[23] LARCHER, W. (1977) Ergebnisse des IBP-Projektes "Zwergstrauchheide Patscherkofel". SB Österreichische Akademie der Wissenschaften, Math-nat. Klasse I, **186**: 301–371

[24] LARCHER W. (1985) Winter stress in high mountains. In: TURNER, H., TRANQUILLINI, W. (eds.) Establishment and tending of subalpine forest: research and management. Eidg. Anstalt forstl. Versuchswesen Birmensdorf, Berichte **270**: 11–19

[25] LARCHER, W. (1996) Das Verpflanzungsexperiment als Forschungsansatz für phänologische Analysen: Reproduktive Entwicklung von Rotschwingelgras in 600 m und 1920 m Meereshöhe. Wetter und Leben **48**: 125–140

[26] LARCHER, W., WAGNER, J. (1983) Ökologischer Zeigerwert und physiologische Konstitution von *Sempervivum montanum*. Verhandlungen Gesellschaft für Ökologie **11**: 253–264

[27] LARCHER, W., WAGNER, J. (2004) Lebensweise der Alpenrosen in ihrer Umwelt: 70 Jahre ökophysiologische Forschung in Innsbruck. Berichte der Naturwissenschaften-Medizin Verein Innsbruck **91**: 251–291

[28] LARCHER, W., WAGNER, J. (2009) High mountain bioclimate: temperatures near the ground recorded from the timberline to the nival zone in the Central Alps. Contributions to Natural History Museum Bern **12**: 857–874

[29] LARCHER, W., KAINMÜLLER, C., WAGNER, J. (2010) Survival types of high mountain plants under extreme temperatures. Flora **205**: 3–18

[30] LARL, I., WAGNER, J. (2006) Timing of reproductive and vegetative development in *Saxifraga oppositifolia* in an alpine and a subnival climate. Plant Biology **8**: 155–166

[31] LOWRY, W.P. (1967) Weather and life. An Introduction to Biometeorology. Academic Press, New York

[32] MOSER, W., BRZOSKA, W., ZACHHUBER, K., LARCHER, W. (1977) Ergebnisse des IBP-Projekts "Hoher Nebelkogel 3184m". SB Österreichische Akademie der Wissenschaften, Math-nat. Klasse I, **186**: 386–419

[33] NAGY, L., GRABHERR, G. (2009) The biology of alpine habitats. Oxford Univ Press, Oxford

[34] NEUNER, G., BUCHNER, O., BRAUN, V. (2000) Short-term changes in heat tolerance in the alpine cushion plant *Silene acaulis* ssp. *excapa* (All.) J. Braun at different altitudes. Plant Biology **2**: 677–683

[35] NEUNER, G., BUCHNER, O. (in press) Dynamic of tissue heat tolerance and thermotolerance of PS II in alpine plants. In: LÜTZ, C. (ed.) Plants in alpine regions: Cell physiology of adaptation and survival strategies. Springer, Wien

[36] PROCK, S. (1990) Symphänologie der Pflanzen eines kalkalpinen Rasens mit besonderer Berücksichtigung der Wachstumsdynamik und Reservestoffspeicherung. Berichte der Naturwissenschaften-Medizin Verein Innsbruck **77**: 31–56

[37] SCHERRER, D., SCHMID, S., KÖRNER CH. (2011) Elevational species shifts in a warmer climate are overestimated when based on weather station data. Int J Biometeorology, DOI: 10.1007/s00484-010-0364-7

[38] SIEGWOLF, R. (1987) CO_2-Gaswechsel von *Rhododendron ferrugineum* L. im Jahresgang an der alpinen Waldgrenze. Dissertation Innsbruck

[39] SVOBODA, J. (1977) Ecology and primary production of raised beach communities, Truelove Lowland. In: BLISS, L. C. (ed.) Truelove Lowland, Devon Island, Canada: A high arctic ecosystem, pp. 185–216. University Alberta Press, Edmonton

[40] TASSER, E., TAPPEINER, U., CERNUSCA, A. (2001) Südtirol Almen in Wandel. Ökologische Folgen von Landnutzungsänderungen. Europäische Akademie, Bozen

[41] TRANQUILLINI, W., TURNER, H. (1961) Untersuchungen über die Pflanzentemperaturen in der subalpinen Stufe mit besonderer Berücksichtigung der Nadeltemperaturen der Zirbe. Mitteilungen der Forstlichen Bundes-Versuchsanstalt Mariabrunn **59**: 127–151

[42] TURNER, H. (1958) Über das Licht- und Strahlungsklima einer Hanglage der Ötztaler Alpen bei Obergurgl und seine Auswirkung auf das Mikroklima und auf die Vegetation. Archiv für Meteorologie, Geophysik und Bioklima **B8**: 273–325

[43] WAGNER, J., REICHEGGER, B. (1997) Phenology and seed development of the alpine sedges *Carex curvula* and *Carex firma* in response to contrasting topoclimates. Alpine and Arctic Research **29**: 291–299

[44] WAGNER, J., STEINACHER, G., LADINIG, U. (2010) *Ranunculus glacialis* L.: successful reproduction at the altitudinal limits of higher plant life. Protoplasma **243**: 117–128

[45] WALTER, H., WALTER, E. (1953) Das Gesetz der relativen Standortskonstanz: Das Wesen der Pflanzengesellschaften. Berichte deutsche botanische Gesellschaft **66**: 228–236

[46] WIESER, G. (2007) Climate at the upper timberline. In: WIESER, G., TAUSZ, M. (eds.) Trees at their upper limit. Treelife limitation at the alpine timberline, pp 19–36. Springer, Dordrecht

Internet:
Zentralanstalt für Meteorologie und Geodynamik: www.zamg.ac.at

Authors' address: em. Prof. Dr. Walter Larcher and A. Prof. Dr. Johanna Wagner, Institut für Botanik der Universität Innsbruck, Sternwartestrasse 15, A-6020 Innsbruck, Österreich. E-Mail: walter.larcher@uibk.ac.at; johanna.wagner@uibk.ac.at

Österreichische Akademie der Wissenschaften
Mathematisch-naturwissenschaftliche Klasse

Sitzungsberichte

Abteilung II

Mathematische, Physikalische und Technische Wissenschaften

219. Band
Jahrgang 2010

Wien 2011

Verlag der Österreichischen Akademie der Wissenschaften

Inhalt

Sitzungsberichte Abt. II

Sitzungsber. Abt. II (2010) 219: 3–11

Sitzungsberichte

Mathematisch-naturwissenschaftliche Klasse Abt. II
Mathematische, Physikalische und Technische Wissenschaften

© Österreichische Akademie der Wissenschaften 2011
Printed in Austria

Laplace Problems for Regular Lattices with an Even Number of Different Obstacles

By

G. Caristi and M. Stoka

(vorgelegt in der Sitzung der math.-nat. Klasse am 17. Juni 2010 durch
das w. M. August Florian)

Abstract

In this paper we consider some regular lattices with fundamental cell with a even number of obstacles. In particular we obtain the Laplace probability.

Key words: Geometric probability, stochastic geometry, random sets, random convex sets and integral geometry.

1. Section

Let $\Re_1(a, b, c)$ be the regular lattice with fundamental cell is as in Fig. 1.

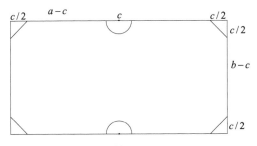

Fig. 1

Denoting with $C_0^{(1)}$ the fundamental cell of this lattice, we have:

$$\text{area } C_0^{(1)} = 2ab - \frac{(2+\pi)c^2}{4}.$$

The cell $C_0^{(1)}$ has six obstacles that are quarter-squares with diagonal of length c with $c < \min(a, b)$ and semi circles with diameter c.

Considering a segment s of random position and of constant length l with $c < l < \min(a, b)$, we want compute the probability that this segment intersects a side of lattice; obviously this probability is equal to probability $P_{\text{int}}^{(1)}$ that the segment s intersects the bounderay of the fundamental cell.

The position of the segment s is determined by the middle point O and by the angle φ that the segment forms with the axis x. We consider the limit positions of the segment s that corrisponde at angle φ and let $\widehat{C}_0^{(1)}(\varphi)$ the determinated figure from these positions (Fig. 2):

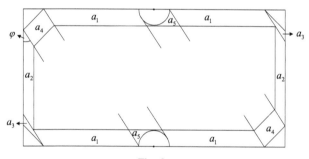

Fig. 2

From this figure we can write:

$$\text{area } \widehat{C}_0^{(1)}(\varphi) = \text{area } C_0^{(1)}$$
$$- [4\text{area } a_1(\varphi) + 2\text{area } a_2(\varphi) + 2\text{area } a_3(\varphi)$$
$$+ 2\text{area } a_4(\varphi) + 2\text{area } a_5(\varphi)]. \tag{1}$$

Considering some results that we have obtained in a previous paper [1], follow that:

$$\text{area} a_1(\varphi) = \frac{(a-c)l}{2}\cos\varphi, \quad \text{area}[a_2(\varphi)+a_3(\varphi)] = \frac{(b-c)l}{2}\sin\varphi,$$

$$\text{area} a_4(\varphi) = \frac{cl}{4}(\sin\varphi+\cos\varphi). \tag{2}$$

But from Fig. 3:

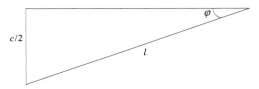

Fig. 3

we have $c = 2l \sin \varphi$, hence

$$\text{area } a_4(\varphi) = \frac{cl}{4}(\sin \varphi + 2 \cos \varphi) - \frac{l^2}{4} \sin 2\varphi.$$

In order to compute area $a_5(\varphi)$, we consider the figure

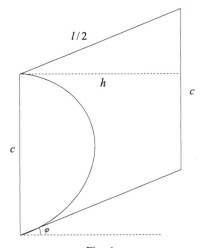

Fig. 4

From here follows $h = \frac{l}{2} \cos \varphi$, hence

$$\text{area } a_5(\varphi) = \frac{cl}{2} \cos \varphi - \frac{\pi c^2}{8} \tag{3}$$

Replacing in the formula (1) le expressions (2), (3) and (4) we obtain

$$\text{area } \widehat{C}_0^{(1)}(\varphi) = \text{area } C_0^{(1)}$$
$$- \left[2al \cos \varphi + (b - \frac{c}{2})l \sin \varphi - \frac{l^2}{2} \sin 2\varphi - \frac{\pi c^2}{4} \right]. \tag{4}$$

Denoting with M_1 the set of segments s whose the middle point are in $C_0^{(1)}$ and N_1 the set of segments s completely contained in $C_0^{(1)}$, we have that:

$$P_{int}^{(1)} = 1 - \frac{\mu(N_1)}{\mu(M_1)}, \tag{5}$$

where μ is the Lebesgue measure in Euclidean plane [3].

In order to compute the measures $\mu(M_1)$ and $\mu(N_1)$ we use the Poincaré kinematic measure [2]

$$dK = dx \wedge dy \wedge d\varphi,$$

where x, y are the coordinates of O and φ the defined angle.

Since $\varphi \in \left[0, \frac{\pi}{2}\right]$, we have:

$$\mu(M_1) = \int_0^{\frac{\pi}{2}} d\varphi \iint_{\{(x,y) \in C_0^{(1)}\}} dx dy = \frac{\pi}{2} \text{area} C_0^{(1)} = \frac{\pi}{2}\left[2ab - \frac{(2+\pi)c^2}{4}\right]. \tag{6}$$

and, considering the (5)

$$\mu(N_1) = \int_0^{\frac{\pi}{2}} d\varphi \iint_{\{(x,y) \in \hat{C}_0^{(1)}(\varphi)\}} dx dy = \int_0^{\frac{\pi}{2}} \text{area} \, \hat{C}_0^{(1)}(\varphi) d\varphi$$

$$= \frac{\pi}{2}\left[2ab - \frac{(2+\pi)c^2}{4}\right] - \int_0^{\frac{\pi}{2}}\left[2al\cos\varphi + \left(b - \frac{c}{2}\right)l\sin\varphi - \frac{l^2}{2}\sin2\varphi - \frac{\pi c^2}{4}\right]d\varphi$$

$$= \frac{\pi}{2}\left[2ab - \frac{(2+\pi)c^2}{4}\right] - \left[2al\sin\varphi - \left(b - \frac{c}{2}\right)l\cos\varphi + \frac{l^2}{4}\cos2\varphi - \frac{\pi c^2}{4}\varphi\right]$$

$$= \frac{\pi}{2}\left[2ab - \frac{(2+\pi)c^2}{4}\right] - \left[\left(2a + b - \frac{c}{2}\right)l - \frac{l^2}{2} - \frac{\pi^2 c^2}{8}\right]. \tag{7}$$

The formulas (6), (7) and (8) give us that:

$$P_{int}^{(1)} = \frac{2\left(2a + b - \frac{c}{2}\right)l - l^2 - \frac{\pi^2 c^2}{4}}{\pi\left[2ab - \frac{(2+\pi)c^2}{4}\right]}. \tag{8}$$

When $c \to 0$, the obstacles becames points and the fundamental cell becames a rectangle with side $2a$ and b. In this case the probability (9) becomes the Laplace probability:

$$P = \frac{2(2a + b)l - l^2}{2\pi ab}.$$

2. Section

Let $\Re_2(a, b, c, n)$ be the regular lattice with fundamental cell $C_0^{(2)}$ a rectangle with side $(n+1)a$ e b and with $4(n+1)$ obstacles: $2n$ semi circles with the radius $\frac{c}{2}$, 2 quarter-circles with the same radius, $2n$ semi square and 2 quarter-square with the diagonal c with $c < \min[(n+1)a, \ b]$ (Fig. 5):

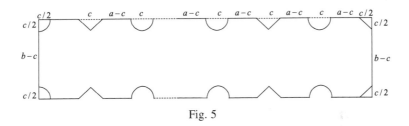

Fig. 5

We have:

$$\text{area } C_0^{(2)} = (n+1)ab - \frac{c^2}{4}\left(n+1 - \frac{4n+1}{4}\pi\right).$$

In the same way of the Section 1, considering a segment s of random position and of constant length l with $c < l < \min[(n+1)a, \ b]$.

We want compute the probability that this segment intersects a side of lattice, obviously this probability is equal to probability $P_{\text{int}}^{(2)}$ that the segment s intersects the bounderay of the fundamental cell.

The position of the segment s is determined by the middle point O and by the angle φ that the segment forms with the axis x. We consider the limit positions of the segment s that corrisponde at angle φ and let $\widehat{C}_0^{(2)}(\varphi)$ the determinated figure from these positions (Fig. 6):

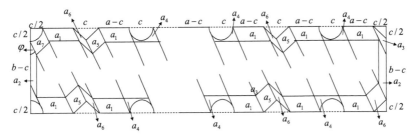

Fig. 6

From this figure we can write:

$$\text{area}\,\widehat{C}_0^{(2)}(\varphi) = \text{area}\,C_0^{(2)} - 2(n+1)\text{area}\,a_1(\varphi) + 2\text{area}\,a_2(\varphi)$$
$$+ \text{area}\,a_3(\varphi) + 2n\text{area}\,a_4(\varphi) + n\text{area}\,a_5(\varphi) + n\text{area}\,a_6(\varphi)$$
$$+ \text{area}\,a_7(\varphi) + \text{area}\,a_8(\varphi) + \text{area}\,a_9(\varphi). \tag{9}$$

Considering of some results that we have obtained in a previous paper [1], we have:

$$\text{area}\,a_1(\varphi) = \frac{(a-c)l}{2}\cos\varphi, \quad \text{area}\,a_2(\varphi) = \left(b - \frac{c}{2} - l\cos\varphi\right)\frac{l}{2}\sin\varphi,$$

$$\text{area}\,a_3(\varphi) = \frac{cl}{2}\cos\varphi - \frac{c^2}{8},$$

and

$$\text{area}\,a_7(\varphi) = \frac{cl}{4}(\sin\varphi + \cos\varphi) - \frac{\pi c^2}{8} + \frac{c^2}{8},$$

$$\text{area}\,a_8(\varphi) = \frac{cl}{4}\cos\varphi - \frac{\pi c^2}{16}, \qquad \text{area}\,a_9(\varphi) = \frac{cl}{4}(\sin\varphi + \cos\varphi). \tag{10}$$

In order to compute area $a_4(\varphi)$ we consider Fig. 7:

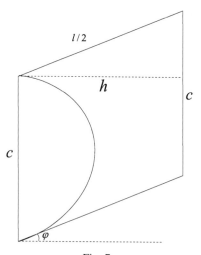

Fig. 7

From here follows $h = \frac{l}{2}\cos\varphi$, hence

$$\text{area } a_4(\varphi) = \frac{cl}{2}\cos\varphi - \frac{\pi c^2}{8} \tag{11}$$

From Fig. 8:

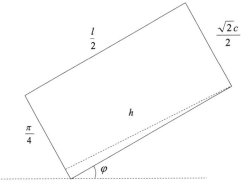

Fig. 8

we have

$$h = \frac{l}{2}\sin\left(\frac{\pi}{4} + \varphi\right) = \frac{l\sqrt{2}}{4}(\sin\varphi + \cos\varphi)$$

then

$$\text{area } a_5(\varphi) = \frac{cl}{4}(\sin\varphi + \cos\varphi) \tag{12}$$

In the end, from Fig. 9:

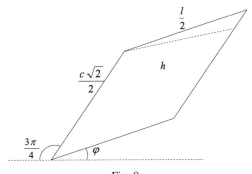

Fig. 9

follows:

$$h = \frac{l}{2}\sin\left(\frac{\pi}{4} - \varphi\right) = \frac{l\sqrt{2}}{4}(\cos\varphi - \sin\varphi)$$

then

$$\text{area } a_6(\varphi) = \frac{cl}{4}(\cos\varphi - \sin\varphi) \qquad (13)$$

Replacing in the (10) the expression (11), (12), (13) and (14) we obtain:

$$\text{area } \hat{C}_0^{(2)}(\varphi) = \text{area } C_0^{(2)} - \left\{\left[(n+1)a + \frac{2n+1}{4}c\right]l\cos\varphi + bl\sin\varphi\right.$$
$$\left. - \frac{l^2}{2}\sin 2\varphi - \frac{(4n+3)\pi c^2}{16}\right\} \qquad (14)$$

Denoting with M_2 the set of segments s whose the middle point are in $C_0^{(2)}$ and N_2 the set of segments s completely contained in $C_0^{(2)}$, we have, as above, that:

$$P_{\text{int}}^{(2)} = 1 - \frac{\mu(N_2)}{\mu(M_2)}. \qquad (15)$$

Since $\varphi \in \left[0, \frac{\pi}{2}\right]$, we have:

$$\mu(M_2) = \int_0^{\frac{\pi}{2}} d\varphi \iint\limits_{\{(x,y)\in C_0^{(2)}\}} dxdy = \frac{\pi}{2}\text{area } C_0^{(2)}$$
$$= \frac{\pi}{2}\left[(n+1)ab - \frac{c^2}{4}\left(n+1 - \frac{4n+1}{4}\pi\right)\right]$$

and considering the (15),

$$\mu(N_2)=\int\limits_0^{\frac{\pi}{2}}d\varphi\iint\limits_{\{(x,y)\in\hat{C}_0^{(2)}(\varphi)\}}dxdy=\int\limits_0^{\frac{\pi}{2}}\text{area }C_0^{(2)}(\varphi)d\varphi$$

$$=\frac{\pi}{2}\text{area }C_0^{(2)}-\int\limits_0^{\frac{\pi}{2}}\left\{\left[(n+1)a+\frac{2n+1}{4}c\right]l\cos\varphi+bl\sin\varphi\right.$$

$$\left.-\frac{l^2}{2}\sin2\varphi-\frac{(4n+3)\pi c^2}{16}\right\}d\varphi$$

$$=\text{area }C_0^{(2)}-\left\{\left[(n+1)a+b+\frac{2n+1}{4}c\right]l-\frac{l^2}{2}-\frac{(4n+3)\pi^2c^2}{32}\right\}. \quad (16)$$

The formulas (16), (17) and (18) give us that:

$$P_{\text{int}}^{(2)}=\frac{2\left[(n+1)a+b+\frac{2n+1}{4}c\right]l-l^2-\frac{(4n+3)\pi^2c^2}{16}}{\pi\left[(n+1)ab-\frac{c^2}{4}\left(n+1-\frac{4n+1}{4}\pi\right)\right]}. \quad (17)$$

When $c\to0$, the obstacles becames points and the fundamental cell becames a rectangle with side $(n+1)a$ and b. In this case the probability (18) becomes the Laplace probability:

$$P=\frac{2[(n+1)a+b]l-l^2}{(n+1)\pi ab}.$$

References

[1] CARISTI G, STOKA M. A Laplace type problem for a regular lattice with obstacles (I), Atti. Acc. Sci. Torino (to appear)
[2] POINCARÉ H. (1912) Calcul des probabilitiés, ed. 2, Carré, Paris
[3] STOKA M. (1975–1976) Probabilités géométriques de type Buffon dans le plan euclidien, Atti. Acc. Sci. Torino, T. 110, pp. 53–59

Author's addresses: G. Caristi, Department SEA, University of Messina, Via dei Verdi n. 75, 98122 Messina, Italy. E-Mail: gcaristi@unime.it; M. Stoka, Accademia delle Scienze di Torino, Via Maria Vittoria 3, 10123 Torino, Italy.

Sitzungsber. Abt. II (2010) 219: 13–45

Sitzungsberichte
Mathematisch-naturwissenschaftliche Klasse Abt. II
Mathematische, Physikalische und Technische Wissenschaften

Über die physikalische Bedeutung der klassischen elektrodynamischen Potentiale

von

Jörg Pfleiderer

(vorgelegt in der Sitzung der math.-nat. Klasse am 14. Oktober 2010 durch das w. M. Pfleiderer Jörg)

Zusammenfassung

Im Sinne des klassischen Dualismus elektrischer Ladungen als Teilchen und Feld wird das auf eine mit der Geschwindigkeit v bewegte Ladung e wirkende skalare Potential eU, das Vektorpotential eA, das Vektorprodukt $r \times eA$ und das Skalarprodukt evA interpretiert als jeweils integrale Wechselwirkungsgröße des Coulomb-Felds oder des Magnetfelds der Ladung mit äußeren Feldern, sprich elektrische Feldenergie, Feldimpuls, Felddrehimpuls und magnetische Feldenergie. Globale Coulomb-Eichung oder die Beschränkung auf den global eichinvarianten quellenfreien (transversalen) Teil von A muß hier angenommen werden. Dazu passend wird (als Näherung zweiter Ordnung in v/c, entsprechend einer Vernachlässigung der Strahlungsdämpfung) eine jeweils nicht explizit zeitabhängige Lagrange- und Hamilton-Funktion aufgestellt, aus denen die üblichen 7 skalaren Erhaltungsgrößen in einem abgeschlossenen System (Energie, Impuls, Drehimpuls) ableitbar sind. Zwischen euphysikalischen (eine externe physikalische Situation beschreibenden) und aphysikalischen (auf einer mathematischen Identität beruhenden) Eichtransformationen kann zwar global, aber nicht lokal unterschieden werden.

Vorbemerkung: Es war ein früheres Mitglied unserer Akademie, Erwin Schrödinger, der mich ermutigt hat, die folgenden Gedanken ohne Rücksicht auf die Meinung von Kollegen weiter zu verfolgen.

1. Einleitung

Ein klassischer (Newtonscher) Gravitationsmassenpunkt ist eine verhältnismäßig einfache Angelegenheit. Er ist durch zwei Angaben bestimmt: Ort und Masse. Um genauer zu sein, hat er eine Ausdehnung, die genügend klein ist, um ihn nicht wesentlich von einem ausdehnungslosen Punkt zu unterscheiden. Seine Bewegung läßt sich durch 3 kinetische (7 skalare) Bestimmungsgrößen charakterisieren: Energie, Impuls und Drehimpuls. Seine Wechselwirkung mit anderen Massen erfolgt über eine Fernwirkungskraft, die Gravitation. Diese, d.h. die auf den Massenpunkt wirkende Kraft, wird beschrieben durch den Gradienten eines skalaren Potentials, entsprechend einer potentiellen Energie oder gravitativen Wechselwirkungsenergie. Bei der Wechselwirkung zwischen Massenpunkten werden Impuls und Drehimpuls insgesamt erhalten, während Energie zwischen kinetischer und potentieller Energie ausgetauscht wird, unter Beibehaltung der Summe beider, d.h. unter Erhaltung der Gesamtenergie.

Das Potential wird nicht direkt gemessen, sondern nur über die daraus resultierende Kraft, d.h. über den Gradienten des Potentials. Dementsprechend kann man eine skalare Funktion mit verschwindendem Gradienten, d.h. eine Konstante, hinzufügen, ohne das physikalische Problem, nämlich die Wechselwirkung, zu beeinflussen. Die Energieerhaltung läßt es ebenso zu, der Bilanz eine Konstante hinzuzufügen. Allgemeiner darf die Konstante sogar zeithängig sein. Demnach bedarf es einer mehr oder weniger beliebigen Übereinkunft (Eichung) bezüglich dieser Konstanten, um dem skalaren Potential und der potentiellen Energie bestimmte Werte zuzuordnen. Während das Potential der Eichung unterliegt, ist der Gradient davon unabhängig, d.h. eichinvariant. In der Himmelsmechanik ist es üblich, die Eichung so zu wählen, daß das Potential im Unendlichen verschwindet. Eine Masse im Unendlichen hat dann nicht nur keine Wechselwirkung mit einer Masse im Endlichen (diese Aussage ist eichinvariant), sondern erzeugt auch keine potentielle Wechselwirkungsenergie (diese Aussage ist nicht eichinvariant).

Nur diese Eichung lässt eine direkte physikalische Interpretation zu: Dann entspricht nämlich die potentielle Energie gerade dem (eindeutigen) Aufwand, der zur Heranführung der Masse aus dem Unendlichen *ceteris paribus* nötig wäre bzw. frei würde.

Ein bekanntes und keineswegs nur in der Himmelsmechanik benütztes Beispiel dieser Eichung ist das Virialtheorem: Im Gleichgewichtszustand eines Systems von Massenpunkten (als himmelsmechanisches Beispiel: Ein Sternhaufen) ist die – negative – potentielle Energie V doppelt so groß wie die kinetische Energie T, d.h. $2T + V = 0$.

Trotzdem ist – oder jedenfalls erscheint – diese Eichung, von einem rein formalen Standpunkt aus, willkürlich, obwohl sie zweifellos physikalisch sinnvoll ist.

In der Elektrodynamik ist alles ein wenig komplizierter. Zwar hat eine klassische Punktladung e eine Masse m; ihre Bewegung v ist wie im Gravitationsfall durch kinetische Bestimmungsgrößen (Energie, Impuls, Drehimpuls) charakterisiert. Sie unterliegt aber zweierlei Kräften. Die eine, elektrische, ist durch ein skalares Potential U nur zum Teil definiert, die andere, magnetische, bedarf sogar eines neuen Konzepts, des Vektorpotentials A. Wichtiger ist, daß die Ladung außerdem elektromagnetische Felder um sich erzeugt oder hat, welche – was gelegentlich übersehen wird – als *essentieller Bestandteil* der Ladung zu gelten haben, nicht nur als rechnerisches Hilfsmittel, um die Wirkung auf andere Ladungsträger zu beschreiben. Diese Felder sind ausgedehnt. Sie sind ebenfalls durch die genannten Bestimmungsgrößen charakterisiert, lokal als Felddichten, gesamt als Dichte-Integrale. Diese Felddichten sind ausgedehnt und nicht *per se* auf einen Punkt lokalisiert. Die Symmetrie der Feldverteilung sorgt allerdings dafür, daß die gemittelte Feldposition mit dem Ort der Ladung übereinstimmt.

Daß die Felder kein unwesentliches Beiwerk der Ladungen sind, mag aus der Definition des klassischen Elektronenradius erhellen: Die gesamte Massenenergie des Elektrons ist in die Feldenergie des umgebenden elektrischen Coulomb-Felds gepackt. Ebenso wird die kinetische Energie des bewegten klassischen Elektrons mit diesem Radius in die magnetische Feldenergie gepackt, der kinetische Impuls in den Feldimpuls. Für andere Ladungen sind freilich diese Feldgrößen immer klein gegenüber Ruheenergie, kinetischer Energie und kinetischem Impuls, im Großen und Ganzen um mindestens den Faktor m_e/m_p bzw. einer Potenz davon. Dennoch ist immer ein Teil der Ruhemasse einer Ladung, auch einer makroskopischen, elektromagnetischen Ursprungs.

Ein klassisches Elektron ist ebenso wie jede andere klassische Ladung sowohl ein Punkt (oder Fast-Punkt) als Ladung als auch unendlich ausgedehnt als Feld. Dieser *klassische Dualismus* kommt meiner Meinung nach in der Diskussion deutlich zu kurz.

Die Bewegung einer Ladung bzw. die Lorentz-Kraft auf die Ladung ist durch zwei Felder, elektrisches und magnetisches, bestimmt. Es ist nicht nötig, sich mit der Frage zu beschäftigen, ob die Kräfte auf die Ladung oder auf die dazugehörigen Felder wirken, denn es genügt wegen der Symmetrie der Feldverteilung, die Kräfte am Ort der Ladung zu kennen. Die mit der Ladung verbundenen Felder bewegen sich sozusagen von selbst mit der Ladung mit. Ich erwähne nur nebenbei, daß man dies selbstverständlich im einzelnen nachvollziehen kann. Die Felder können, so scheint es also zunächst, erst dann ein physikalisches

Eigenleben entwickeln, wenn sie sich von den Ladungen trennen, d.h. in Form von Strahlung – allgemeiner in Form von elektromagnetischen Wellen – auftreten.

Elektromagnetische Felder sind, ebenso wie die sie beschreibenden Potentiale, linear superponierbar – eine Folge der Linearität der Maxwellschen Gleichungen. Das impliziert, daß sich die Felder von zwei Ladungen überlagern und dabei eine Überlagerungs-Feldenergiedichte oder Wechselwirkungs-Feldenergiedichte erzeugen, deren mittlere Position nicht mit der Position einer der Ladungen übereinstimmt. Diese Überlagerungsenergie bedarf daher einer besonderen Behandlung. Dasselbe gilt für den Überlagerungs-Feldimpuls bzw. -Felddrehimpuls.

Die Überlagerungsgrößen zweier Ladungen sind äußerst klein gegenüber den Einzelgrößen, nämlich ungefähr um eine Potenz des Faktors $r_e/r =$ klassischer Elektronenradius/Abstand der Ladungen. Bei einem Vielteilchenproblem mit N Teilchen können aber die Einzelgrößen nur mit N, die Überlagerungsgrößen jedoch mit N^2 wachsen. Alle makrophysikalischen elektromagnetischen Effekte sind Überlagerungseffekte. Deshalb spielen dort, z.B. in der Plasmaphysik, die Feldgrößen eine wichtige Rolle, während sie in der Zweiteilchenphysik als Störungen behandelt werden können. Jede Theorie, die äußere Einflüsse kennt, z.B. die Bewegung einer Ladung unter äußeren Feldern, ist eine Vielteilchentheorie. Daher dürfen kleine Wechselwirkungseffekte in der Formulierung nicht unterschätzt werden.

Bekanntlich sind die Potentiale nicht eindeutig bestimmt. Ohne die Kräfte auf die Ladungen, also das elektrische und das magnetische Feld, zu verändern, kann man zum Vektorpotential den Gradienten einer beliebigen Funktion von Ort und Zeit $f(r,t)$ hinzufügen, wenn das skalare Potential gleichzeitig durch die Zeitableitung von f ergänzt wird. Das nennt man Eichtransformation. Anders gesagt: Die Bewegungsgleichungen der Ladungen sind unter diesen Transformationen eichinvariant. Die physikalischen Resultate, nämlich wie sich die Ladungen bewegen, werden durch eine Eichtransformation nicht modifiziert. Das führt zu einer Lehrbuch-Aussage etwa der folgenden Form (z.B. Cohen-Tannoudji et al. 2009 = „CT1"): Das skalare und das Vektorpotential treten *nur* als Zwischengrößen bei der Berechnung der elektrischen und der magnetischen Feldstärke auf. Sie haben in der klassischen Physik *keine* physikalische Relevanz. Die wichtigen Größen in der Elektrodynamik sind *allein* die Felder.

Es sind die (von mir) kursiv und fett geschriebenen Wörter, die ersatzlos gestrichen werden sollten.

Solche Lehrbuch-Aussagen sind freilich keineswegs neueren Datums. Beispielsweise erwähnt v. Laue (1956) eine Erweiterung der Elektrodynamik durch Mie (1912), bei der unter anderem „das Viererpotential, welches bisher lediglich ein mathematisches Hilfsmittel war, eine physikalische Bedeutung bekommt".

Mit den „wichtigen Größen" sind offenbar die Felder gemeint, welche die Bewegung einer Ladung bestimmen, während von den von einer Ladung erzeugten Feldern nicht die Rede ist, außer insofern als sie wiederum die Bewegung anderer Ladungen beeinflussen. Kurz, über Feldenergie und Feldimpuls wird oft genug nichts gesagt. Diese Größen kennt man eigentlich fast nur aus der Makrophysik, bei der Überlagerungsfelder als Energie- und Impulsträger eine viel größere Rolle spielen, z.b. aus der Plasmaphysik oder noch einfacher aus der Elektrostatik, und selbst da ist ihre Bedeutung, ja sogar ihre Gültigkeit keineswegs immer klar gewesen.

CT1 unterscheidet zwischen wahren physikalischen Größen und nichtphysikalischen Größen. Die Werte der ersten Art sind durch das physikalische Problem festgelegt – z.b. gibt das elektrische Feld die Kraft auf eine Ladung. Diese Größen sind eichinvariant und können direkt gemessen werden. Größen der zweiten Art können nicht direkt gemessen werden. An einem gegebenen Ort zu gegebener Zeit können sie, je nach Eichung, *jeden beliebigen* Wert annehmen, ohne die dazugehörige Physik zu ändern.

Das Konzept zweier Arten von physikalischen Größen führt zu merkwürdigen Konsequenzen. Die Theorie erfordert, wahre und nichtphysikalische Größen durcheinander zu mischen. Als Beispiel ist der kanonische Impuls die Summe einer wahren (kinetischer Impuls) und einer nicht- oder unphysikalischen (Vektorpotential) Größe, womit der kanonische Impuls als Ganzes in der klassischen Physik ebenfalls zu einer nichtphysikalischen Größe wird. Das allein ist schon erstaunlich genug. Aber in der Quantenphysik wird der kanonische Impuls trotz Eichabhängigkeit als zwar nichtphysikalische, aber dennoch als wesentliche physikalische Größe angesehen, wodurch der kinetische Impuls zu einer nichtphysikalischen oder doch sekundären, unwesentlichen wird, und zwar hauptsächlich aus formalen Gründen. Im rein mechanischen Fall ist der kinetische Impuls nämlich auch in der Quantenphysik eine wahre physikalische Größe.

Ich halte die Bezeichnung „nichtphysikalisch" oder – fast noch schlimmer – „unphysikalisch" für reichlich irreführend. Bei weitem besser, nämlich klarstellend, ist die Beschreibung durch Grübl (2010): *„Diese Größen enthalten neben physikalischen Fakten auch willkürliche Eichkonvention"*. Damit ist alles Wichtige gesagt.

Die zum großen Teil tatsächlich längst bekannten physikalischen
Fakten in den Potentialen und einigen davon abhängigen Funktionen
aufzuzeigen, ist die Intention der vorliegenden Arbeit. Damit wird
keine neue Theorie aufgestellt, sondern nur Lehrbuchwissen anders
interpretiert. Deshalb wäre auch eine ausführlichere Literaturzitation
von wenig Wert.

Im Rahmen einer quasistationären Näherung werden Strahlungs-
felder, die nicht an Ladungen gekoppelt sind, vernachlässigt. Das muß
ich auch hier tun. Wie man z.b. bei Landau & Lifschiz (1963,
=„LL63") nachlesen kann, ist hiervon insbesondere die explizite,
d.h. nicht explizit zeitabhängige Schreibweise der Potentiale betroffen.

2. Interpretation der Potentiale

Zunächst einige Fragen, die in vielen Lehrbüchern nicht beantwortet
werden:

Eine Ladung, die unter dem Einfluß von (äußeren) Feldern steht,
erzeugt notwendig Wechselwirkungs-Feldimpuls und Wechselwir-
kungs-Feldenergien. Diese müssen ebenso notwendigerweise irgendwo in den Erhaltungsgleichungen auftauchen. Aber wo?

Da man die Felder, auch die Überlagerungsfelder, lokal durch
Felddichten beschreibt, wird man nach Integralgrößen suchen müssen.
Aber wie?

Umgekehrt tauchen die Potentiale (mit geeigneten Faktoren) zum
Beispiel in der Lagrange-Funktion mit Dimensionen von Impuls und
Energie auf. Was für Impulse bzw. Energien könnten das sein?

In mechanischen Problemen enthält die Hamilton-Funktion nicht
nur die Bewegungsgleichung bzw. –gleichungen, sondern auch Aussagen über Erhaltungsgrößen, nämlich über Energie, kanonischen Impuls
und kanonischen Drehimpuls. Wie sieht das im elektrodynamischen
Fall aus?

Da die lokalen Felder durch Ableitungen der Potentiale bestimmt
sind, sind die Potentiale selbst als eine Art Integralgrößen anzusehen.
Hier nach einer Verbindung zu suchen, liegt meines Erachtens recht
nahe. Integralgrößen haben gewöhnlich eine prinzipielle Unbe-
stimmtheit, soweit die Integrationsgrenzen nicht eindeutig sind. Gibt
es einen Zusammenhang mit dem Eichproblem?

Im folgenden werden die Terme eU, eA, $r \times eA$ und evA gedeutet,
genauer gesagt der jeweils eichinvariante Teil davon. Diese Interpre-
tationen sind keineswegs neu (siehe z.B. Pfleiderer 1966, =„P66"),
aber erstaunlicherweise nahezu unbekannt. Wegen der Eichproblema-

tik wird oft sogar auch heute noch, ebenso erstaunlicherweise, die bloße Möglichkeit einer solchen Interpretation abgelehnt.

2.1 Skalares Potential

Das folgende ist zwar meines Wissens altbekannt, aber ich kann keine Literaturstelle dazu angeben (außer P66). Angesichts der viel jüngeren Aussage von CT1, daß auch das skalare Potential eine nicht-physikalische Größe sei, d.h. eine mathematische Hilfsgröße ohne jede eigene physikalische Bedeutung, mag jedoch eine Neudarstellung sinnvoll sein. Ich möchte daran erinnern, daß eine (negative) Gravitations-Wechselwirkungs-Feldenergie im Rahmen der Newtonschen Gravitationstheorie ein zwar nicht notwendiges und auch nicht allgemein anerkanntes, aber durchaus sinnvolles Konzept darstellt.

Die potentielle Energie einer Ladung e am Ort r in einem skalaren, durch das Potential U beschriebenen elektrischen Feld sei eU. Dabei ist U jedenfalls vom Ort r abhängig und beschreibt über den Gradienten am Ort r ein auf die Ladung wirkendes elektrisches Skalarfeld, das man gewöhnlich Coulomb-Feld oder elektrostatisches Feld nennt. Dieses Feld ist als Gradientenfeld einerseits wirbelfrei, andererseits notwendigerweise nicht überall quellenfrei. Die einzigen „euphysikalischen" Quellen sind dabei irgendwo im Raum verteilte andere Ladungen.

Die Ladung e läßt sich als Integral über die Raumladungsdichte ρ schreiben:

$$e = \int \rho dV = \int \text{div} E \ dV.$$

Unter der Konvention, daß nur diese Ladung zur Raumladungsdichte in dem Integral beitrage, kann das Integral über den unendlichen Raum erstreckt werden (ebenso wie alle folgenden Integrale). Die Position $\underline{r}$ der Ladung ist durch

$$\underline{r} = \frac{1}{e} \int \rho r \ dV$$

beschreibbar. Für das der klassischen Vorstellung zunächst entgegenkommende Konzept einer Punktladung wird ein solches Integral elegant durch eine Dirac'sche Deltafunktion formuliert. Ich vermeide dies hier, weil einerseits ausgedehnte Ladungen (Atome, Moleküle, selbst Molekülverbände und sogar viel Größeres) oft am besten durch Punktdarstellungen repräsentiert werden, und andererseits auch die kleinste klassische Ladung notwendig ausgedehnt sein muß (klassischer Elektronenradius). Dazu ist insbesondere auf Rohrlich (1964) hinzuweisen, der – nach meiner Kenntnis als erster – eine ebenso konsequente wie elegante klassische Formulierung entwickelte. Für das Potential, das auf die Ladung wirkt, gilt entsprechend

$$\underline{U} = \frac{1}{e} \int \rho U \, dV.$$

In die Formeln geht hingegen das Potential $U(\underline{r})$ am „Ladungsort" $\underline{r}$ ein. Anstatt durch eine Diracsche Deltafunktion die Gleichheit $\underline{U} = U(\underline{r})$ zu erzwingen, will ich hier nur – als schwächere Forderung – annehmen, daß die Differenz vernachlässigbar ist. Entsprechend soll auch der Unterschied zwischen $\nabla(\underline{U})$ und $(\overline{\nabla U})$ vernachlässigt werden.

Dann wird unter Weglassung aller Maßsystemskonstanten (oberer Index i: intern, erzeugt durch Ladung i; oberer Index e: extern, wirkend auf die Ladung $i =$ von außen erzeugt)

$$eU = \int \rho U \, dV = \int U^e \operatorname{div} \boldsymbol{E}^i \, dV = \int \operatorname{div}(U^e \boldsymbol{E}^i) \, dV - \int \boldsymbol{E}^i \operatorname{grad} U^e \, dV$$

$$= 0 + \int \boldsymbol{E}^i \left(E^e + \frac{\partial A^e}{\partial t} \right) dV.$$

Hier ist davon Gebrauch gemacht, daß das Raumintegral über die Ableitung (hier div) einer Funktion (hier $U^e E^i$) nach dem Gaußschen Satz in ein Oberflächenintegral über diese Funktion umformbar ist. Dieses verschwindet im Grenzübergang gegen Unendlich, wenn die Funktion im Unendlichen wie mindestens r^{-3} (genauer $r^{-2-\alpha}$, $\alpha > 0$) verschwindet. Damit kann die Ableitung im Raumintegral unter Vorzeichenwechsel von einer Größe (Feld E der Ladung, das mit r^{-2} abfällt) auf die andere Größe (hier Potential U, das mit jeder erzeugenden Ladung wie r^{-1} abfällt, also auch insgesamt mindestens so, wenn sich alle Ladungen im Endlichen befinden) verschoben werden.

Das aus ρ und div$E$ folgende elektrische Feld $\boldsymbol{E}^i$ (durch die Ladung i erzeugtes Feld) ist das Coulombfeld der Ladung. Zunächst ist das durch Bewegung der Ladung erzeugbare elektrische Wirbelfeld oder Induktionsfeld der Ladung nicht ausgeschlossen, $\boldsymbol{E}^i$ könnte also durchaus das gesamte durch die Ladung erzeugte Feld – ohne Strahlung – sein. Das durch grad$U$ beschriebene auf die Ladung e wirkende Feld $\boldsymbol{E}^e + \partial \boldsymbol{A}^e/\partial t$ ist dagegen wirbelfrei. Das Wirbelfeld der Ladung trägt also zum Integral nichts bei. Das durch $\partial A/\partial t$ beschriebene als Ergänzung zu grad U gehörige äußere Wirbelfeld ist freilich nur dann ein reines

Wirbelfeld, enthält also keine zum Integral beitragenden Gradienten-
anteile, wenn auch A keine solchen Anteile (genauer keine zeitabhängigen solchen Anteile) enthält. Das entspricht der Annahme

$$\operatorname{div} A = 0$$

(Coulomb-Eichung). Diese Eichung ist eine globale Forderung. Ihre
Gültigkeit in einem beschränkten Gebiet – entsprechend einer Kenntnis
der physikalischen Umstände nur in einem Teilgebiet – ist nicht
ausreichend. Sie wäre nicht eindeutig.

In der Coulomb-Eichung – und zwar nur in dieser – gilt also: Die
potentielle Energie eU ist gleich der elektrischen Wechselwirkungsenergie $\int E^i E^e dV$, die durch die Überlagerung des Coulombfeldes der
Ladung und des äußeren Coulombfeldes entsteht. Anders ausgedrückt:
In der Beschreibung von Grübl (2010) besteht der Ausdruck eU also aus
der Wechselwirkungsenergie (physikalisches Faktum) plus einem – im
allgemeinen nicht bekannten – Eichkonventionsanteil.

Die gesamte elektrische Feldenergie $^1\!/_2 \int E^2 dV$ besteht aus einem
Wirbelteil, der hier nicht aufscheint, und einem Quellenteil oder
Coulombteil. Dieser letztere enthält drei Teile: Die Coulomb-Energie des äußeren Feldes $^1\!/_2 \int E^{e2} dV$, die (konstante) Eigenfeldenergie
der Ladung $^1\!/_2 \int E^{i2} dV$, und eben die obige Wechselwirkungsenergie. Deshalb ist es, allerdings nur bei konstantem äußerem
Feld, äquivalent, wenn man eU bis auf eine Konstante mit der
gesamten, nicht aufgeteilten elektrischen Coulomb-Energie $^1\!/_2 \int E_C^2$
dV identifiziert.

Das Superpositionsprinzip – eine Folge der Linearität der Maxwell'schen Gleichungen – besagt, daß man Felder und Potentiale
addieren kann. Entsprechend ist die Wechselwirkung der Ladung i
mit anderen Ladungen j (d.h. $j \neq i$) und mit im strengeren Sinne äußeren
Bedingungen e (extern) beschreibbar durch das Potential

$$U_i = \sum_{j \neq i} U_{ij} + U_{ie}$$

und die Wechselwirkungsenergie durch eine Summe über die Wechselwirkung mit anderen Ladungen j und dem im strengeren Sinne
äußeren (Coulomb-)Feld.

Die Wechselwirkungspotentiale U_{ij} sind – in einer Näherung zweiter
Ordnung in v/c – durch den Ort beider Partner, genauer durch die
Ortsdifferenz bestimmt, lassen sich also explizit zeitunabhängig (d.h.
genauer: nicht explizit zeitabhängig) als Funktion von $r_{ij} = |r_i - r_j|$
beschreiben. Das auf „echt äußere" Felder zurückführbare äußere

Potential U_{ie} ist bekanntlich als eine Funktion des Ortes r_i der Ladung e_i und möglicherweise der Zeit zu geben. Diese Zeitabhängigkeit ist nicht reduzierbar, solange man die äußeren Prozesse nicht im einzelnen beschreibt. Insbesondere pflegt man die Rückwirkung des Testkörpers (hier der Ladung) auf das äußere System zu vernachlässigen und hat deshalb die Gültigkeit bzw. Ungültigkeit von Erhaltungssätzen im einzelnen zu prüfen (bekanntes Beispiel: Keine Impulserhaltung im Einkörperproblem).

2.2 Vektorpotential

Neben den oberen Indizes ^{i} und ^{e} am Anfang und am Ende benütze ich hier die unteren Indizes 1 und 2 als Zeichen, auf welchen der Integrandenbestandteile die Ortsableitung ∇ zu wirken hat. Eine ähnliche Rechnung wie oben, jedoch mit dem Vektorpotential, führt dann auf

$$e\boldsymbol{A} = \int \rho \boldsymbol{A}\, dV = \int \boldsymbol{A}^e \operatorname{div} \boldsymbol{E}^i\, dV = \int \boldsymbol{A}_2 (\nabla_1 \boldsymbol{E}_1)\, dV$$

$$= \int (\boldsymbol{E}_1 \times (\boldsymbol{A}_2 \times \nabla_1) + \nabla_1 (\boldsymbol{E}_1 \boldsymbol{A}_2))\, dV$$

$$= \int (\boldsymbol{E}_1 \times (\boldsymbol{A}_2 \times \nabla_{1,2}) + \nabla_{1,2} (\boldsymbol{E}_1 \boldsymbol{A}_2))\, dV + \int \boldsymbol{E}_1 \times (\nabla_2 \times \boldsymbol{A}_2)\, dV$$

$$- \int \nabla_2 (\boldsymbol{E}_1 \boldsymbol{A}_2)\, dV = 0 + \int \boldsymbol{E}^i \times \boldsymbol{B}^e\, dV - \int \nabla_2 (\boldsymbol{E}_1 \boldsymbol{A}_2)\, dV$$

mit

$$\int \nabla_2 (\boldsymbol{E}_1 \boldsymbol{A}_2)\, dV = \int \{\boldsymbol{A}_2 \times (\nabla_2 \times \boldsymbol{E}_1) - \boldsymbol{E}_1 \operatorname{div} \boldsymbol{A}_2\}\, dV$$

$$= - \int \boldsymbol{A}^e \times \operatorname{rot} \boldsymbol{E}^i\, dV - \int \boldsymbol{E}^i \operatorname{div} \boldsymbol{A}^e\, dV.$$

Das zweite Integral verschwindet in der Coulomb-Eichung, das erste dann, wenn man unter $\boldsymbol{E}$ das Coulomb-Feld der Ladung e versteht. Die Integrale mit $\nabla_{1,2}$ verschwinden wie oben, da auch $\boldsymbol{A}$ mit r^{-1} abfällt, wenn sich alle Ladungen im Endlichen befinden.

Schreibt man noch, im Sinne der Superposition,

$$\boldsymbol{A}_i = \sum_{j \neq i} \boldsymbol{A}_{ij} + \boldsymbol{A}_{ie},$$

so gilt in der Coulomb-Eichung, und nur in dieser, daß e_iA_i den Feldimpuls (das Integral über die Feldimpulsdichte $\int E \times B \ dV$) darstellt, der aus dem Coulombfeld der Ladung i und dem durch die Bewegung der einzelnen anderen Ladungen j jeweils entstandenen Magnetfeld bzw. dem äußeren Magnetfeld resultiert. Eine andere Formulierung desselben Tatbestands ist, daß hier nur der eichinvariante wirbelbehaftete und quellenfreie – der transversale – Teil $A_\perp$ des Vektorpotentials einzusetzen ist.

Die Idee, das Vektorpotential mit einem Feldimpuls (= Feldimpulsdichte-Integral) pro Ladungseinheit zu identifizieren, ist nicht neu, aber nach meiner Kenntnis nie im Sinne einer klassischen Deutung näher verfolgt worden. Die älteste Literaturstelle, die ich kenne, ist eine Fußnote in einem amerikanischen Lehrbuch der Elektrodynamik aus den frühen 1960er Jahren, in der diese Gleichheit, allerdings sehr rigoros eingeschränkt auf einen eindimensionalen Sonderfall, als Besonderheit erwähnt wird. Trammel (1964) postuliert (meiner Kenntnis nach als erster) die Gleichheit, ohne sie allerdings vollständig zu beweisen. Seine durchaus überzeugende Formulierung ebenso wie mein ergänzender Beweis (P66) haben zu keiner mir bekannt gewordenen Reaktion geführt. Ungeachtet der oben zitierten klaren Aussage von CT1 über die klassische Nichtrelevanz der Potentiale ist jedoch genau diese Identifikation in Cohen-Tannoudji et al. 1997 (= „CT2") ebenso unmißverständlich als klassische Gleichheit enthalten, sogar mit dem ausdrücklichen Zusatz, daß die Aussage eichinvariant ist, wenn man unter A den quellenfreien oder transversalen Anteil $A_\perp$ versteht.

Das Vektorpotential in Coulomb-Eichung (das ist das Grübl'sche (*l.c.*) „physikalische Faktum") ist hiernach derjenige Impuls, den eine *ruhende* Einheitsladung zum Gesamtimpuls eines physikalischen Systems beiträgt. Die bewegte Ladung fügt dem zwei weitere Teile hinzu: Den kinetischen Impuls und den Feldimpuls, der aus dem äußeren elektrischen Feld und dem von der bewegten Ladung erzeugten Magnetfeld entsteht. Dieser Feldimpuls wird durch dasjenige Vektorpotential beschrieben, welches die bewegte Ladung am Ort anderer Ladungen erzeugt. Er wird sozusagen ebenso einer anderen Ladung zugeschlagen, wie deren Magnetfeld bzw. Vektorpotential durch den Ausdruck eA der betrachteten Ladung zugeschlagen wird.

2.3 Felddrehimpuls

Hier besteht die Schwierigkeit, daß die Impulsdichte mit einem Hebel (Abstand vom gewählten Ursprung) versehen wird, der die Verhältnisse im Übergang zum Unendlichen verändert. Die Feldimpulsdichte muß deshalb mindestens mit $r^{-3-\alpha}$ ins Unendliche abfallen, damit die auch hier auftretenden Oberflächenintegrale verschwinden. Das für die Probeladung belangreiche Vektorpotential muß entsprechend mit $r^{-1-\alpha}$ abfallen, was das Vektorpotential einer einzelnen Ladung nicht tut – genauer gesagt, in einer quasistatischen Näherung nicht tut. Es genügt aber, anzunehmen, daß die Gesamtladung des Systems verschwindet, d.h. daß die Beiträge positiver und negativer Ladungen sich hinreichend aufheben. Obwohl dies eine in allen vorstellbaren praktischen Fällen hinreichend erfüllte Bedingung ist, kann die Allgemeingültigkeit nur behauptet werden. Ich verweise deshalb auf die moderne Kosmologie, die davon ausgeht, daß das Universum insgesamt ungeladen ist. Die Einzelrechnung lautet

$$r \times eA = \int r \times \rho A\, dV = \int r \times A^e \mathrm{div} E^i dV = \int (r_2 \times A_3)(\nabla_1 \bullet E_1) dV$$

$$= \int \{ \nabla_1 \times ((r_2 \times A_3) \times E_1) + ((r_2 \times A_3) \bullet \nabla_1) E_1 \} dV$$

$$= \int r \times (E^i \times B^e) dV$$

$$+ \int \{ (\nabla(r \times A)E) + \nabla \times A(rE) + (\nabla A)(E \times r) + A \times E$$

$$+ E \times A - (A \times \mathrm{rot} E) \times r + (E \times r)\mathrm{div} A - E(A \mathrm{rot} r) \} dV$$

Die Ableitungen ∇ wirken auf alles, was dahinter steht, also jeweils auf den ganzen Integranden. Entsprechend verschwinden diese Integrale wegen der Bedingungen im Unendlichen. Das vorletzte Glied verschwindet in Coulomb-Eichung, das davorstehende, wenn man unter E das Coulomb-Feld der Ladung versteht. Es bleibt nur das erste Glied übrig.

Der Ausdruck $r \times eA$ stellt also in Coulomb-Eichung den Felddrehimpuls (= Raumintegral über die Feld-Drehimpuls-Dichte) dar, der durch das Coulomb-Feld E^i der Ladung e mit dem äußeren Magnetfeld B^e entsteht, und zwar auch dann, wenn die Ladung ruht. Ein weiterer Feld-Drehimpuls, der durch das von der mit der Geschwindigkeit v bewegten Ladung e^i erzeugte Magnetfeld mit einem äußeren elektrischen Feld entsteht, ist hier nicht enthalten, sondern wird dem äußeren System zugeschlagen.

Auch diese Identifikation ist nicht neu, sondern in früheren Publikationen (P66, CT2) nachlesbar.

2.4 Magnetische Wechselwirkung

$$evA = \int \rho v A\, dV = \int j A\, dV = \int A^e \left(\text{rot}\, B^i - \frac{\partial E^i}{\partial t} \right) dV$$

$$= -\int A^e \frac{\partial E^i}{\partial t}\, dV + \int \nabla_1 (B_1 \times A_2)\, dV$$

$$= \int \text{div}(B \times A)\, dV - \int B_1 (A_2 \times \nabla_2)\, dV = +\int B^i B^e\, dV.$$

Das Integral über $A \partial E/\partial t$ verschwindet, wenn man unter E das wirbel-freie Coulomb-Feld der Ladung versteht, da A in Coulomb-Eichung quellenfrei ist. Das Integral über die Divergenz ist (Gauß) ebenfalls Null.

Damit ist evA in dieser Eichung die magnetische Wechselwirkungs-energie aus dem Magnetfeld, welches die mit v bewegte Ladung e erzeugt, und dem äußeren Magnetfeld, welches Anlaß ist für das Vektorpotential A am Ort der Ladung.

Chandrasekhar und Fermi (1953) führten die Energiedichte des Magnetfeldes $\frac{1}{2} B^2$ in den Virialsatz für das interstellare Medium – im wesentlichen ein elektrisch neutrales, aber stark ionisiertes Gas – ein. Der Beweis in Teilchenformulierung unter Verwendung des Vektorpotentials wurde, soweit ich weiß, erstmalig von mir (P66) gegeben. In einem solchen Gas ist, wie schon in der Einleitung begründet, ein makroskopisches Magnetfeld (via gerichtete Ströme innerhalb des Gases) ein reines Wechselwirkungsfeld. Wegen der starken Ladungsneutralität ist das elektrische Wechselwirkungsfeld demgegenüber vernachlässigbar. Im interstellaren Gas ist die poten-tielle Energie (nahezu) vollständig gravitativen Ursprungs.

3. Lagrange-Funktionen

Für eine einzelne Ladung wird die Bewegungsgleichung ($=$ Änderung der Geschwindigkeit bzw. des kinetischen Impulses) ebenso wie die Impulsgleichung ($=$ Änderung des kanonischen Impulses) durch die bekannte Lagrange-Funktion

$$L_0(r, v, t) = \frac{1}{2} m v^2 + evA(r, t) - eU(r, t)$$

mit den unabhängigen Koordinaten Ort q ($=r$) und Geschwindigkeit $v = dq/dt$ sowie der Zeit t und mit dem zur Ortskoordinate q kanonisch konjugierten Impuls

$$p = \frac{\partial \mathbf{L}}{\partial v} = mv + eA(r, t)$$

dargestellt. Sie enthält neben der kinetischen Energie und der (negativ gezählten) potentiellen Energie auch – in Coulomb-Eichung – die magnetische Wechselwirkungsenergie. $\mathbf{L}_0$ ist nur dann nicht explizit zeitabhängig, wenn es sich um eine Bewegung in zeitunabhängigen äußeren Feldern handelt. Die Impulsgleichung lautet

$$\frac{dp}{dt} = \frac{\partial \mathbf{L}}{\partial q} = -\nabla(eU - evA).$$

Die Form dieser Gleichung ist eichunabhängig, also sozusagen nicht ganz so „unphysikalisch" wie der kanonische Impuls selbst. Bei einer Eichtransformation ändern sich zwar beide Seiten der Gleichung, jedoch in gleicher Weise.

An dieser Stelle ist eine Lehrbuch-Aussage (z.B. CT1) ergänzbar: „Obwohl sich die Lorentzkraft nicht aus einem Potential ableiten läßt, existiert eine Lagrange-Funktion".

Man kann sich ebenso gut folgerichtiger und vor allem positiver auf Newton – also nicht gerade neueste Literatur – beziehen, der die Kraft bekanntlich mit der Impulsänderung korrelierte:

Aus dem kinetischen Impuls $p = mv$ wird hier der kanonische oder generalisierte Impuls $p^* = mv + eA$.

Aus dem kinetischen Potential $V = eU$ wird hier das generalisierte oder „kanonische" Potential $V^* = e(U - vA)$.

Aus der kinetischen Potentialkraft $k = -\nabla V$ wird hier die generalisierte oder kanonische Potentialkraft $k^* = -\nabla V^*$.

Aus der kinetischen Bewegungsgleichung $dp/dt = -\nabla V$ wird hier die generalisierte, kanonische Bewegungsgleichung oder kanonische Impulsgleichung $dp^*/dt = -\nabla V^*$.

Mit der Interpretation des kanonischen Impulses als so etwas wie ein Gesamtimpuls einer Ladung kommt man wieder direkt auf Newton zurück:

Gesamtkraft = zeitliche Änderung des Gesamtimpulses.

Zur Erinnerung: $\mathbf{L}_0$ ist nicht eindeutig bestimmt. Fügt man die totale Zeitableitung einer beliebigen skalaren Funktion $ef(r,t)$,

$$\frac{def}{dt} = e\frac{\partial f}{\partial t} + ev\nabla f,$$

hinzu, so erhält man

$$\mathbf{L}_0' = \frac{1}{2}mv^2 + ev(\mathbf{A} + \nabla f) - e\left(U - \frac{\partial f}{\partial t}\right),$$

Dies entspricht einer Eichtransformation, die ja bekanntlich weder an der Bewegungsgleichung noch – was weniger bekannt ist – an der Form der Impulsgleichung etwas ändert.

Für ein Vielteilchensystem kann man die Potentiale, wie oben erwähnt, als Superpositionen schreiben:

$$U_i = \sum_j U_{ij} + U_{ie}(\mathbf{r}_i, t) \quad \text{und}$$

$$\mathbf{A}_i = \sum_j \mathbf{A}_{ij} + \mathbf{A}_{ie}(\mathbf{r}_i, t)$$

mit $j \neq i$. Für die Wechselwirkungspotentiale U_{ij} und $\mathbf{A}_{ij}$ gibt es 2 Möglichkeiten: Erstens kann man sie als eine besondere Art äußerer Potentiale und damit als Funktionen von Ort der jeweiligen Ladung und Zeit ansehen: $U_{ij}(\mathbf{r}_i, t)$ und $\mathbf{A}_{ij}(\mathbf{r}_i, t)$. Da die wechselwirkenden Ladungen j sich bewegen (ebenfalls Bewegungsgleichungen unterworfen sind), sind diese Potentiale notwendigerweise explizit zeitabhängig. Die dazugehörige Lagrange-Funktion ist gerade die Summe aller Einzelfunktionen:

$$\mathbf{L}_1(\mathbf{r}_i, \mathbf{v}_i, \ i = 1, \ldots, N, t) = \sum_i \frac{1}{2}m_i v_i^2 + \sum_i e_i \mathbf{v}_i \mathbf{A}_i(\mathbf{r}_i, t) - \sum_i e_i U_i(\mathbf{r}_i, t).$$

Diese Lagrange-Funktion enthält offensichtlich die durch U_{ij} und $\mathbf{A}_{ij}$ beschriebenen Wechselwirkungen zwischen zwei Ladungen i und j jeweils zweimal, nämlich für jede Ladung gänzlich, die Wechselwirkungen mit einem äußeren System (U_{ie} und $\mathbf{A}_{ie}$) dagegen nur einmal.

Ebenfalls zur Erinnerung der Beweis, dass diese $\mathbf{L}_1$ valide ist: Der kanonische Impuls folgt aus

$$\mathbf{p}_k = \frac{\partial \mathbf{L}}{\partial \mathbf{v}_k} = m_k \mathbf{v}_k + e_k \mathbf{A}_k(\mathbf{r}_k, t)$$

wie vorher. Die Impulsgleichung (mit $\partial/\partial \mathbf{q}_k = \nabla_k$) ist – ebenfalls wie vorher –

$$\frac{d\mathbf{p}_k}{dt} = \frac{\partial \mathbf{L}}{\partial \mathbf{q}_k} = -e_k \nabla_k (U_k - \mathbf{v}_k \mathbf{A}_k)$$

mit

$$e_k \nabla_k (v_k A_k) = e_k v_k \times (\nabla_k \times A_k) + e_k (v_k \nabla_k) A_k$$

$$= e_k v_k \times B_k + e_k \frac{dA_k}{dt} - e_k \frac{\partial A_k}{\partial t},$$

sodaß sich letzlich mit

$$E_k = -\nabla_k U_k - \frac{\partial A_k}{\partial t}$$

die jeweilige (kinetische) Bewegungsgleichung der Ladung

$$\frac{dm_k v_k}{dt} = \frac{dp_k}{dt} - \frac{de_k A_k}{dt} = e_k E_k + e_k v_k \times B_k$$

ergibt. Diese Lagrange-Funktion ist zwar wohlbekannt, aber wird z.B. bei CT1 nie in voller Länge explizit hingeschrieben oder gar diskutiert, so daß unklar bleibt, von welchen Größen die Wechselwirkungspotentiale abhängen sollen. Die simple Tatsache, daß L_1 nur dann eine valide Lagrange-Funktion ist, wenn diese als Funktionen von r_i und t gegeben werden, habe ich nirgendwo erwähnt gefunden.

Da alle Summenterme in L_1 jeweils nur von den Koordinaten eines einzigen Teilchens abhängen, kann man im Prinzip für jede Ladung eine eigene Eichung bzw. eine eigene Eichtransformation mit $f_i(r_i, t)$ angeben. Eine generelle Umeichung mit einer für alle Ladungen gleichen Transformationsfunktion $f(r, t)$ erfordert, sie für jede Ladung getrennt in L_1 einzufügen:

$$L_1' = \sum_i \left\{ \frac{1}{2} m_i v_i^2 + e_i v_i (A_i + \nabla_i f(r_i, t)) - e_i \left(U_i - \frac{\partial f}{\partial t} \Big|_{r=r_i} \right) \right\}.$$

Wie oben erwähnt, ist diese Lagrange-Funktion notwendig explizit zeitabhängig, sobald die Wechselwirkung zwischen freien Ladungsträgern beschrieben werden soll, nicht nur der Einfluß konstanter externer Felder.

Will man nun diese Wechselwirkung genauer untersuchen, braucht man die Wechselwirkungspotentiale in expliziter Form. Dazu ist es freilich nötig, eine Näherung zu benützen. Will man die Einführung von neuen Variablen, nämlich Beschleunigungen, in die Lagrange-Funktion vermeiden, so hat man sich auf eine quasistationäre Näherung zweiter Ordnung in v/c zu beschränken (LL63). Dies ist auch die höchste Näherung, die keine Strahlungsdämpfung enthält, so dass man die Existenz einfacher Erhaltungssätze erwarten darf. Sie ist zudem keine unzulässig einschränkende Näherung, denn mit der Einführung der kinetischen Energie in die Lagrange-Funktion hat man sich ja bereits mit einer Näherung zweiter Ordnung in v/c zufrieden gegeben. Nach LL63 lauten die expliziten Potentiale in dieser Näherung und in Coulomb-Eichung (abgesehen von Maßsystemskonstanten)

$$U_{ij} = \frac{e_j}{r_{ij}},$$

$$A_{ij} = \frac{1}{2} e_j \left\{ \frac{v_j}{r_{ij}} + \frac{r_{ij}(v_j r_{ij})}{r_{ij}^3} \right\}.$$

Insbesondere stimmt also in dieser Eichung das skalare Potential mit dem der nullten Näherung ($A = 0$) überein. *Wie* die oben gegebene Deutung der Potentiale erfordert, sind die Wechselwirkungsenergien symmetrisch in den jeweils zwei beteiligten Ladungen i und j,

$$e_i U_{ij} = e_j U_{ji} \quad \text{und} \quad e_i v_i A_{ij} = e_j v_j A_{ji}.$$

Möchte man eine (bis auf eine eventuelle Zeitabhängigkeit der äußeren Felder) nicht explizit zeitabhängige Lagrange-Funktion haben, so sind diese expliziten Formen zu benützen. Daß sich bei einem solchen Schritt auch die Lagrange-Funktion ändert, nicht nur die Darstellung der Potentiale, habe ich in der Literatur nicht erwähnt gefunden. Vielleicht sollte ich mich hier genauer ausdrücken: Daß sich bei dieser anderen Darstellung der Potentiale auch die Summierung ändert (wie gleich im nächsten Absatz beim skalaren Potential), ist durchaus bekannt, aber daß dies eine *substantielle* Änderung der Lagrange-Funktion bedeutet, wird verschwiegen.

Aus der Mechanik ist die explizite Schreibweise für die skalare Wechselwirkung bzw. deren Energie und die Übertragung auf andere skalare Wechselwirkungen wohlbekannt. Für Ladungen werden sie als

$$V = \frac{1}{2} \sum_i \sum_j e_i U_{ij}(r_{ij})$$

geschrieben. Hier geht Σ_i über alle Ladungen, Σ_j über alle mit $j \neq i$. Der Faktor $^1/_2$ deutet an, daß hier die Wechselwirkungsenergien zwischen zwei Teilchen i und j, $e_i U_{ij}$ oder $e_j U_{ji}$, gemittelt jeweils zur Hälfte jedem Teilchen zugeschlagen werden. Eine andere Schreibweise wäre, den Faktor $^1/_2$ zu vermeiden, indem Σ_j nur über $j < i$ erstreckt wird. Diese Schreibweise setzt die Symmetrie der expliziten Potentialenergien direkt voraus. Zwar ist eine solche Voraussetzung durch die obige

Deutung der Terme notwendig, aber ohne diese Deutung ist es jedenfalls nicht unmittelbar einleuchtend, daß sie unvermeidbar wäre.

Die entsprechende, ebenfalls nicht unbekannte Lagrange-Funktion
ist

$$\mathbf{L}_2 = \sum_i \frac{1}{2} m_i v_i^2 + \sum_i e_i v_i A_i(r_i, t) - \frac{1}{2} \sum_i \sum_j e_i U_{ij}(r_{ij}) - \sum_i U_{ie}(r_i, t) \neq \mathbf{L}_1.$$

Sie enthält, im Gegensatz zu $\mathbf{L}_1$, die Energie der skalaren Teilchenwechselwirkung nur einmal, die magnetische Teilchenwechselwirkung
dagegen wie $\mathbf{L}_1$ zweimal. Umeichungen sind wie bei $\mathbf{L}_1$. Die Terme
$\partial f/\partial t$ können bei U_e angebracht werden, ohne daß die Wechselwir-
kungsterme verändert werden müssen. Hat man jedoch ein abgeschlossenes System ohne äußere Felder oder Potentiale, d.h. $U_{ie}=0$, so wäre
es nicht sinnvoll, über eine Eichtransformation künstlich eine Art
äußeres Potential einzuführen. Formal ist dies vermeidbar, solange f
zeitunabhängig ist.

Nicht aus der Literatur bekannt ist mir die von $\mathbf{L}_2$ verschiedene
Form $\mathbf{L}_3$ der Lagrange-Funktion, in der auch der magnetische Anteil
explizit gegeben ist. Der Wechselwirkungsanteil ist, wie oben begründet, ebenfalls mit dem Faktor $^1/_2$ zu versehen. Diese Lagrange-Funktion, eine konsequente Näherung zweiter Ordnung in v/c, lautet
entsprechend

$$\mathbf{L}_3 = \sum_i \frac{1}{2} m_i v_i^2 + \sum_i e_i \left\{ \frac{1}{2} \sum_j (v_i A_{ij}(v_j, r_{ij}) - U_{ij}(r_{ij})) \right.$$

$$\left. + v_i A_{ie}(r_i, (t)) - U_{ie}(r_i, (t)) \right\}.$$

Sie ist nicht explizit zeitabhängig, solange es die äußeren Potentiale A_{ie}
und U_{ie} nicht sind.

Hier gilt nun als erstes zu zeigen, daß diese Lagrange-Funktion
valide ist. Man findet für den kanonisch konjugierten Impuls

$$\frac{\partial \mathbf{L}_3}{\partial v_k} = m_k v_k + \frac{1}{2} \sum_j e_k A_{kj} + \frac{1}{2} \sum_i e_i v_i \frac{\partial A_{ik}}{\partial v_k} + e_k A_{ke}$$

$(i \neq k$ und $j \neq k)$ mit

$$e_i v_i \frac{\partial A_{ik}}{\partial v_k} = \frac{\partial (e_i v_i A_{ik})}{\partial v_k} = \frac{\partial (e_k v_k A_{ki})}{\partial v_k}$$

wegen der Symmetrie, daher

$$p_k = m_k v_k + e_k A_k$$

wie erwartet. Für $\partial L/\partial r_k$ ergibt sich, daß nur die Terme A_{kj}, A_{ik}, A_{ke}, U_{ik}, U_{kj} und U_{ke} Beiträge liefern:

$$\frac{\partial \mathbf{L}}{\partial r_k} = \nabla_k \left\{ \frac{1}{2} \left(\sum_{i \neq k} e_i(v_i A_{ik} - U_{ik}) + \sum_{j \neq k} e_k(v_k A_{kj} - U_{kj}) \right) \right.$$

$$\left. + e_k v_k A_{ke} - e_k U_{ke} \right\}.$$

Wieder führt die Symmetrie der Potentiale dazu, daß die beiden Summen mit dem Faktor $^1/_2$ gleich sind. Also ergibt sich

$$\frac{\partial \mathbf{L}}{\partial r_k} = \nabla_k(e_k v_k A_k - e_k U_k) = e_k v_k \times (\text{rot} A_k) + e_k(v_k \nabla_k)A_k - e_k \text{grad} U_k$$

$$= e v \times \mathbf{B} + \frac{de A}{dt} - e\frac{\partial A}{\partial t} - \text{grad}(e_k U_k) = e v \times \mathbf{B} + e\mathbf{E} + e\frac{dA}{dt} = \frac{dp_k}{dt},$$

d.h. die Impulsgleichung (und damit die Bewegungsgleichung) für die Ladung k.

In dieser Version erscheinen, wie erwähnt, die Wechselwirkungsenergien zwischen zwei Teilchen jeweils nur einmal, in der obigen, explizit zeitabhängigen Form $\mathbf{L}_1$ dagegen zweimal. In Worten: $\mathbf{L}_3$ besteht aus der gesamten kinetischen Energie, der (negativ genommenen) gesamten potentiellen (= elektrischen) Wechselwirkungsenergie zwischen den Ladungen und mit einem äußeren Feld, und der gesamten magnetischen Wechselwirkungsenergie, ebenfalls zwischen den Ladungen und gegebenenfalls mit einem äußeren Magnetfeld.

In $\mathbf{L}_3$ lassen sich die einzelnen Wechselwirkungspotentiale direkt umeichen. Denn nur die explizite Form erlaubt es, die Koordinaten des Wechselwirkungspartners aktiv in die Eichung einzubeziehen.

Es sei noch einmal darauf hingewiesen, daß ein und dasselbe Problem mit substantiell verschiedenen Lagrange-Funktionen beschrieben werden kann. Es gibt aber nur eine, die, soweit es das Problem überhaupt erlaubt, nicht explizit zeitabhängig ist. Daß in ihr die Strahlungsdämpfung vernachlässigt werden muß, wurde bereits erwähnt.

4. Hamilton-Funktionen H

Sie leiten sich aus den jeweiligen Lagrange-Funktionen mittels

$$\mathbf{H} = \sum_i p_i v_i - \mathbf{L}$$

ab. Die unabhängigen, kanonisch konjugierten Variablen sind $q_i = r_i$ und $p_i = \partial L/\partial v_i$. Aus L_1 ergibt sich bekanntermaßen

$$H_1 = \sum_i \frac{1}{2m_i}(p_i - e_i A_i(q_i, t))^2 + \sum_i e_i U_i(q_i, t).$$

Sie enthält, wie L_1, die potentielle Energie der Wechselwirkung zwischen den Ladungen doppelt. Wie L_1 ist sie notwendig explizit zeitabhängig, und zwar sogar auch in einer dem bekannten mechanischen Fall analogen statischen Näherung $A = 0$ (Näherung nullter Ordnung in v/c). Aus beiden Gründen ist es nicht empfehlenswert, hier von der Gesamtenergie zu sprechen, wie es fast üblich ist. Auch die zu L_2 gehörige

$$H_2 = \sum_i \frac{1}{2m_i}(p_i - e_i A_i(q_i, t)^2 + \frac{1}{2}\sum_i \sum_j e_i U_{ij}(r_{ij}) + \sum_i e_i U_{ie}(q_i, (t))$$

(mit $r_{ij} = |q_i - q_j|$) ist bekannt. Wie H_1 ist sie über das Vektorpotential notwendig explizit zeitabhängig. Sie ist also, im Gegensatz zu H_1, in nullter Ordnung in v/c, d.h. $A = 0$, zeitunabhängig und beschreibt dementsprechend die Erhaltungssätze des mechanischen Analogons. In zweiter Ordnung in v/c ist sie explizit zeitabhängig und kann deshalb die Erhaltungssätze dieser Näherung nicht beschreiben.

Die Geschwindigkeit v_i einer Ladung i, die in der Lagrange-Formulierung eine der unabhängigen Variablen war, ist dies in einer Hamilton-Formulierung nicht mehr. Sie hängt sowohl in H_1 als auch in H_2 von beiden unabhängigen – den kanonischen – Variablen q_i und p_i der Ladung und außerdem explizit von der Zeit t ab:

$$v_i = \frac{1}{m_i}(p_i - e_i A_i(q_i, t)) = v(q_i, p_i, t).$$

Nicht in der Literatur findet man die entweder direkt aus L_3 abgeleitete oder über eine kanonische Transformation aus H_1 oder H_2 ableitbare H_3, die ebenso wie L_3 nur dann explizit zeitabhängig ist, wenn die äußeren Potentiale $U_{ie}(r_i, (t))$ und $A_{ie}(r_i, (t))$ dies durch explizite Zeitabhängigkeit erzwingen. Sie enthält wie L_3 auch das Vektorpotential der Wechselwirkungen A_{ij} in expliziter, nicht explizit zeitabhängiger Schreibweise und lautet

$$H_3(q_i, p_i, \quad i = 1, N) = \sum_i \frac{1}{2}m_i v_i^2 + \frac{1}{2}\sum_i \sum_j e_i v_i A_{ij}(v_j, r_{ij})$$

$$+ \frac{1}{2}\sum_i \sum_j e_i U_{ij}(r_{ij}) + \sum_i e_i U_{ie}(r_i, (t))$$

mit $q_i = r_i, r_{ij} = r_i - r_j, p_i = m_i v_i + e_i A_i, A_i = \Sigma_j A_{ij}(v_j, r_{ij}) + A_{ie}(r_i, (t))$. Hier haben wir eine völlig neue Situation vor uns. Die Geschwindigkeit v_i einer Ladung i ist über die Wechselwirkungspotentiale A_{ij} von allen anderen Geschwindigkeiten und Orten abhängig und damit eine (unbekannte) Funktion aller 2 N kanonisch konjugierten Variablen q und p. Über das äußere Vektorpotential A_{ie} hängt sie zudem gegebenenfalls auch explizit von der Zeit ab. Wie üblich hängt die potentielle Wechselwirkung U_{ij} nur vom Abstand $|q_i - q_j| = |r_i - r_j| = r_{ij}$ der Ladungen ab. U_{ie} und A_{ie} hängen nur vom Ort $q_i = r_i$ und gegebenenfalls explizit von der Zeit t ab.

Der erste Term in $\mathbf{H}_3$ ist die kinetische Energie, der zweite die magnetische Wechselwirkung mit den anderen Ladungen, der dritte die entsprechende elektrische Wechselwirkung, und der letzte Term die elektrische Wechselwirkung mit einem (gegebenenfalls zeitabhängigen) vorgegebenen äußeren elektrischen Feld. Die in $\mathbf{L}_3$ auch enthaltene magnetische Wechselwirkung mit einem ebenfalls gegebenenfalls zeitabhängigen, aber vorgegebenen äußeren Magnetfeld fehlt wie in $\mathbf{H}_2$. Coulomb-Eichung ist bei dieser Deutung der einzelnen Terme wie früher vorausgesetzt. Im ersten Term ist bei $m_i v_i = p_i - e_i A_i$ das ganze Vektorpotential $A_i = \Sigma_j A_{ij} + A_{ie}(r_i,(t))$ einzusetzen. Dieser Term (und damit jede einzelne Geschwindigkeit) ist also ebenso wie der zweite Term, aber im Gegensatz zum dritten, über das äußere Vektorpotential möglicherweise direkt explizit zeitabhängig.

Zunächst soll nachgewiesen werden, daß es sich hier um eine valide Hamilton-Funktion handelt. Die Ableitung von $\mathbf{H}_3$ aus $\mathbf{L}_3$ bzw. $\mathbf{H}_1$ oder $\mathbf{H}_2$ stellt das freilich schon sicher. Der direkte Nachweis besteht in der Berechnung von $\partial \mathbf{H}_3/\partial p_k$ und $\partial \mathbf{H}_3/\partial q_k$. Allgemein gilt

$$\frac{\partial}{\partial p_k} = \sum_i \frac{\partial}{\partial v_i} \frac{\partial v_i}{\partial p_k},$$

$$\frac{\partial}{\partial q_k} = \sum_i \frac{\partial}{\partial v_i} \frac{\partial v_i}{\partial q_k} + \nabla_k$$

mit unbekannten Ableitungen $\partial v/\partial p$ und $\partial v/\partial q$. Die gegebenenfalls nichtverschwindenden und ebenfalls unbekannten Ableitungen $\partial v/\partial t$ sind nicht von Belang.

Der erste Term von $\mathbf{H}_3$ ergibt (der obere Index c zeigt an, dass eine Größe bei der Differentiation konstant ist)

$$\frac{\partial \sum_i \frac{1}{2}m_i v_i^2}{\partial \boldsymbol{p}_k} = \sum_i \frac{\partial v_i^c (\boldsymbol{p}_i - \sum_j e_i \boldsymbol{A}_{ij} - e_i \boldsymbol{A}_{ie})}{\partial \boldsymbol{p}_k} = v_k - \sum_i \sum_j \frac{\partial (e_i v_i \boldsymbol{A}_{ij})}{\partial v_j} \frac{\partial v_j}{\partial \boldsymbol{p}_k}$$

da $i \neq j$ und $\boldsymbol{A}_{ie}$ nur von $\boldsymbol{q}$ abhängt.

Beim zweiten Term ist die Symmetrie der Wechselwirkungsenergien wesentlich, d.h. man kann die Indizes nicht nur in einer Doppelsumme über alle Ladungen, sondern auch einzeln im Energieterm innerhalb der Summen vertauschen. Das Wechselwirkungspotential $\boldsymbol{A}_{ij}$ ist von v_j und vom nur $\boldsymbol{q}$-abhängigen Abstand $r_{ij} = r_i - r_j$ abhängig. Das sollte übrigens sinnvollerweise nicht nur in der Coulomb-Eichung gelten. Für $e_i v_i \boldsymbol{A}_{ij}$ gilt so

$$\frac{\partial}{\partial \boldsymbol{p}_k} = \frac{\partial}{\partial v_i} \frac{\partial v_i}{\partial \boldsymbol{p}_k} + \frac{\partial}{\partial v_j} \frac{\partial v_j}{\partial \boldsymbol{p}_k},$$

also

$$\frac{1}{2} \sum \sum \frac{\partial (e_i v_i \boldsymbol{A}_{ij})}{\partial \boldsymbol{p}_k} = \frac{1}{2} \sum \sum \left\{ \frac{\partial (e_i v_i \boldsymbol{A}_{ij})}{\partial v_i} \frac{\partial v_i}{\partial \boldsymbol{p}_k} + \frac{\partial (e_i v_i \boldsymbol{A}_{ij})}{\partial v_j} \frac{\partial v_j}{\partial \boldsymbol{p}_k} \right\}$$

$$= + \sum \sum \frac{\partial (e_i v_i \boldsymbol{A}_{ij})}{\partial v_j} \frac{\partial v_j}{\partial \boldsymbol{p}_k}.$$

Die beiden Terme der potentiellen Energie U sind nur orts- (und gegebenenfalls zeit-) abhängig und geben deshalb keinen Beitrag. Es bleibt also

$$\frac{\partial \boldsymbol{H}_3}{\partial \boldsymbol{p}_k} = v_k = \frac{d\boldsymbol{q}_k}{dt}.$$

Die erste der Hamiltonschen Gleichungen ist erfüllt.

Bei der Berechnung von $\partial \boldsymbol{H}_3 / \partial \boldsymbol{q}_k$ ist zunächst darauf hinzuweisen, daß $\partial / \partial \boldsymbol{q}$ nur im Fall einer reinen Ortsfunktion mit dem einfachen Gradienten ∇ übereinstimmt: Wie oben erwähnt, sind die Geschwindigkeiten v_i und v_j (in unbekannter Weise) Funktionen nicht nur von $\boldsymbol{p}$, sondern auch von $\boldsymbol{q}$, während immer $\nabla v = 0$. Daher gilt z.B. für $e_i v_i \boldsymbol{A}_{ij}$:

$$\frac{\partial}{\partial \boldsymbol{q}_k} = \frac{\partial}{\partial v_i} \frac{\partial v_i}{\partial \boldsymbol{q}_k} + \frac{\partial}{\partial v_j} \frac{\partial v_j}{\partial \boldsymbol{q}_k} + \nabla_k.$$

Der erste Term führt auf

$$\sum_i \frac{\partial(\frac{1}{2}m_i v_i^2)}{\partial v_i} \frac{\partial v_i}{\partial q_k} = \sum_i v_i \frac{\partial m_i v_i}{\partial q_k} = \sum_i v_i \frac{\partial p_i}{\partial q_k} - \sum_i v_i \frac{\partial e_i A_i}{\partial q_k}$$

$$= 0 - \sum_i \sum_j \frac{\partial e_i v_i A_{ij}}{\partial v_j} \frac{\partial v_j}{\partial q_k} - \sum_i \sum_j \nabla_k e_i v_i A_{ij}$$

$$- \sum_i \nabla_k e_i v_i A_{ie},$$

mit

$$\sum \sum \nabla_k e_i v_i A_{ij} = \sum_j \nabla_k e_k v_k A_{kj} + \sum_i \nabla_k e_i v_i A_{ik} = 2\nabla_k \sum_j e_k v_k A_{kj},$$

der zweite auf

$$\frac{1}{2}\sum_i \sum_j \left(\frac{\partial e_i v_i A_{ij}}{\partial v_i} \frac{\partial v_i}{\partial q_k} + \frac{\partial e_i v_i A_{ij}}{\partial v_j} \frac{\partial v_j}{\partial q_k} + \nabla_k e_i v_i A_{ij} \right)$$

$$= + \sum \sum \frac{\partial e_i v_i A_{ij}}{\partial v_j} \frac{\partial v_j}{\partial q_k} + \frac{1}{2} \sum \sum \nabla_k e_i v_i A_{ij}.$$

Der dritte und vierte Term führen in bekannter Weise auf

$$\nabla_k \left(\frac{1}{2} \sum_i \sum_j e_i U_{ij} + \sum_i e_i U_{ie} \right) = \nabla_k e_k U_k.$$

Zusammen ergibt sich so das richtige Ergebnis

$$\frac{\partial \mathbf{H}_3}{\partial q_k} = -\frac{dp_k}{dt} = e_k \nabla_k (U_k - v_k A_k).$$

Damit ist auch die zweite Hamilton-Gleichung verifiziert.

Man braucht also die unbekannten Terme $\partial v/\partial p$ und $\partial v/\partial q$ nicht zu kennen, da sie sich gegenseitig herausheben, so daß nur bekannte Terme übrigbleiben.

Diese Hamilton-Funktion hat die unangenehme Eigenschaft, daß die Geschwindigkeiten nicht explizit als Funktion der kanonischen Koordinaten q, p angegeben werden können, da jedes in p enthaltene Vektorpotential von allen anderen Geschwindigkeiten abhängt. Man begegnet hier also dem ungewöhnlichen Problem, dass diese Hamiltonfunktion überhaupt nicht explizit als Funktion ihrer unabhängigen Variablen q, p angeschrieben werden kann. Aber sie ist die einzige

Hamilton-Funktion, die auch in zweiter Näherung nicht explizit zeit-abhängig ist, und sie ist die einzige, aus der die bekannten 7 skalaren Erhaltungskonstanten einer erhaltenden Wechselwirkung (Energie H, Impuls Σp, Drehimpuls $\Sigma q \times p$)) direkt abgeleitet werden können.

Hier ist wieder einmal zu betonen, daß eine Hamilton-Funktion eben mehr darstellt, als nur eine andere Schreibweise der Bewegungsgleichung(en). Ebenso ist noch einmal darauf hinzuweisen, daß die Änderung des generalisierten Impulses sich aus einem generalisierten skalaren Potential ableiten läßt, ein in seiner Bedeutung vermutlich unterschätztes Analogon zur Mechanik.

5. Erhaltungssätze

H_3 ist nicht explizit zeitabhängig außer über die externen Potentiale U_{ie}, A_{ie}. Nur wenn diese zeitkonstant sind, wird die Energie in H_3 erhalten. In einem abgeschlossenen System ohne externe Potentiale kann man also sinnvoll von Gesamtenergie sprechen. Das passt zu der hier verwendeten, schon in der Einleitung erwähnten Näherung, bei der Strahlungsdämpfung vernachlässigt wird. Ein klassisches System von Ladungsträgern kann ohne diese Vernachlässigung ja gar nicht abgeschlossen werden. Dieser Energiesatz ist mir nur aus makroskopischen Formulierungen (mit den entsprechenden Feld-Integralen statt den Potentialen) bekannt.

Der Grund dafür ist einfach: Bei der Wechselwirkung von einzelnen Ladungsträgern ist die elektrische Wechselwirkungsenergie klein gegen die Eigenenergie (Coulomb-Energie) der jeweiligen elektrischen Felder. Die elektrische Feldenergie besteht weitgehend aus den Eigenenergien. Diese Eigenenergien sind freilich in guter Näherung konstant und sollten deshalb eigentlich nicht in die Hamiltonfunktion, die Änderungen beschreiben soll, aufgenommen werden, ebenso wie trivialerweise die Ruheenergie mc^2 der Ladungen in H gewöhnlich nicht eingebracht wird. Es ist deshalb keine Fehler, nur inkonsequent, wenn – wie z.B. bei CT2 – die gesamte Feldenergie $\int \frac{1}{2} E^2 dV$ statt nur die Wechselwirkungsenergie in den Energieausdruck eingesetzt wird.

Es bedarf einer riesigen (makroskopischen) Anzahl von Ladungen, um die elektrische Wechselwirkungsenergie vergleichbar mit den Eigenenergien zu machen. Aber schon im Zweikörperproblem, z.B. dem (klassischen) Wasserstoffatom, ist die Wechselwirkungsenergie (potentielle Energie) von der gleichen Größenordnung wie die in der Hamilton-Funktion erscheinende kinetische Energie des Elektrons.

In ähnlicher Weise ist die magnetische Energie von höherer Ordnung in v/c und damit gegenüber der skalar-potentiellen Energie gewöhnlich zunächst vernachlässigbar oder als Störung behandelbar. Makroskopisch kann man dagegen diese skalar-potentielle Energie durch Ladungs-Neutralität beliebig klein gegenüber der magnetischen Energie machen. Ich gab das Beispiel des interstellaren Mediums.

In einem System, das durch ein nicht explizit zeitabhängiges skalares Potential V bestimmt ist, wird die Energie (kinetische plus potentielle) erhalten. Ein solches System heißt konservativ. Zumindest ursprünglich bezieht sich die Bezeichnung „konservativ" auf die Erhaltung der Energie. Insofern ist es also nicht richtig, den Fall der durch ein etwas komplizierteres, aber effektiv ebenfalls skalares Potential $e(U-vA)$ bestimmten elektromagnetischen Wechselwirkung, deren Energieerhaltung ja seit rund 150 Jahren unwidersprochen ist, als nicht konservativ zu bezeichnen oder gegen den konservativen Fall abzusetzen.

Für die Impulsbilanz benützt man das obige Ergebnis, daß $\partial \mathbf{H}_3/\partial \mathbf{q}_k$ als gewöhnlicher Gradient eines Energieausdrucks $e(U-vA)$ darstellbar ist. Beide Potentiale U und A hängen bezüglich der Wechselwirkung kj nur von den *relativen* Ortskoordinaten $r_{kj}=r_k-r_j$ ab. Ihre Summierung hebt sich ebenso auf wie im üblicheren Fall eines „nur" skalaren Potentials. Es bleibt

$$\sum_k \frac{d\mathbf{p}_k}{dt} = -\sum_k e_k \frac{\partial(U_{ke} - v_k A_{ke})}{\partial r_k}.$$

Wie zu erwarten, wird in einem abgeschlossenen System (ohne äußere Potentiale) der Gesamtimpuls, dargestellt durch den kanonisch konjugierten Impuls, erhalten – ein Ergebnis, das ebenso trivial ist wie es bisher in einer Teilchendarstellung noch nicht oder nicht allgemein verständlich formuliert wurde.

Mit diesem Ergebnis sieht man besonders leicht, wie eine weitere negative Lehrbuchaussage ins Positive verkehrt werden kann. Es heißt über das dritte Newtonsche Axiom actio = reactio (z.B. bei CT1): „Dieses Axiom gilt für Gravitationskräfte und elektrostatische Kräfte, jedoch nicht für magnetische Kräfte (deren Ursprung relativistischer Natur ist)". – Hier wird unter Kraft offensichtlich der Einfluß auf die Bewegung von Teilchen verstanden, also die Änderung des kinetischen Impulses. Die Felder dienen allein zur Vermittlung dieser Kräfte. Sieht man die Felder jedoch als essentiellen Bestandteil der Ladungen an, so ist der Gesamtimpuls zu betrachten, und dann gilt das Axiom eben auch im elektromagnetischen Fall. Dazu ist es freilich nötig, die Symmetrie der Wechselwirkungsenergien anzunehmen, was uns auf die quasistationäre Näherung zweiter Ordnung in v/c für die Potentiale zurückführt, in der Strahlungsverluste vernachlässigt werden. Aber diese Näherung

ist auch in dem in der Lehrbuchaussage angesprochenen elektrosta-
tischen Fall $A=0$ nötig, da ja die Probeladung, auf die eine Kraft wirkt,
beschleunigt wird.

Ich formuliere deshalb neu: Dieses Axiom gilt für Gravitationskräfte
in Newtonscher Näherung. Es gilt für elektrostatische Kräfte in nullter
Näherung in v/c, d.h. Vernachlässigung der Bewegung aller Ladungen.
Es gilt im allgemeineren elektrodynamischen Fall in zweiter Näherung
in v/c, sofern man unter actio und reactio nicht den Einfluß auf die
Bewegung, sondern im Newtonschen Sinne den Einfluß auf den Impuls
versteht.

Wie auch im Fall eines rein skalaren Potentials, ist die Drehimpulsbilanz ein wenig komplizierter. Es gilt

$$D = \sum_i q_i \times p_i,$$

also

$$\frac{dD}{dt} = \sum_i \frac{dq_i}{dt} \times p_i + \sum_i q_i \times \frac{dp_i}{dt} = \sum_i \frac{dH}{dp_i} \times p_i + \sum_i \frac{dH}{dq_i} \times q_i.$$

Von oben erhält man

$$\frac{dD}{dt} = \sum_i v_i \times p_i + \sum_i e_i \nabla_i \{U_i - v_i A_i\} \times q_i$$

$$= \sum_i e_i \left\{ v_i \times \sum_j A_{ij} + \nabla_i \sum_j (U_{ij} - v_i A_{ij}) \times r_i + v_i \times A_{ie} \right.$$

$$\left. + \nabla_i (U_{ie} - v_i A_{ie}) \times r_i \right\}.$$

Hier ist wieder q_i durch r_i ersetzt, weil jetzt nicht mehr die kanonische
Variable q (von der auch v abhängen würde), sondern die gewöhnliche.
Ortskoordinate r erscheint. Wie zu erwarten, heben sich die Wech-
selwirkungsglieder in jeder ij-Kombination paarweise gegeneinander
auf:

$$e_i(v_i \times A_{ij} + \nabla_i(U_{ij} - v_i A_{ij}) \times r_i) + e_j(v_j \times A_{ji} + \nabla_j(U_{ji} - v_j A_{ji}) \times r_j) = 0.$$

Diese Eigenschaft ist für das skalare Potential U aus der Mechanik
wohlbekannt. Zum Beweis benütze ich die expliziten Potentiale der
Coulomb-Eichung. $U_{ij} = e_j u_{ij}$ ist nur vom Betrag r_{ij} des Abstandes
abhängig (hier $u_{ij} = 1/r_{ij}$). Wegen $\partial r_{ij}/\partial r_i = -\partial r_{ij}/\partial r_j = r_{ij}/r_{ij}$ erhält man

$$e_i \nabla_i U_{ij} \times r_i + e_j \nabla_j U_{ji} \times r_j = -\frac{e_i e_j}{r_{ij}^3}(r_{ij} \times r_i - r_{ij} \times r_j) = 0.$$

Für den ersten Teil des Vektorpotentials A_{ij} in Coulomb-Eichung, $^1/_2\, e_j v_j/r_{ij}$, sieht man unmittelbar die Aufhebung der Terme, nämlich sowohl

$$v_i \times v_j + v_j \times v_i = 0,$$

als auch

$$(v_i v_j)\left(\nabla_i \frac{1}{r_{ij}} \times r_i + \nabla_j \frac{1}{r_{ij}} \times r_j\right) = 0.$$

Für den zweiten Teil des expliziten Vektorpotentials, $^1/_2 e_j r_{ij}(v_j r_{ji})/r_{ij}^3$, gilt für die Ableitung von $1/r^3$ dasselbe. Für die Zählerableitungen muß man dagegen beide Terme, die A enthalten, nämlich $v \times A$ und $\nabla(vA)$, kombinieren. Der erste Term ergibt (ohne die Konstante $^1/_2 e_i e_j/r_{ij}^3$)

$$(v_i \times r_{ij})(v_j r_{ij}) + (v_j \times r_{ji})(v_i r_{ji}),$$

die Zählerableitungen des zweiten mit $\nabla_i(v_i r_{ij}) = v_i$, $\nabla_j(v_i r_{ij}) = -v_i$, etc.,

$$\{(v_j r_{ij})\nabla_i(v_i r_{ij}) + (v_i r_{ij})\nabla_i(v_j r_{ij})\} \times r_i$$
$$+ \{(v_i r_{ji})\nabla_j(v_j r_{ji}) + (v_j r_{ji})\nabla_j(v_i r_{ji})\} \times r_j = (v_j r_{ij})(v_i \times r_i)$$
$$+ (v_i r_{ij})(v_j \times r_i) + (v_i r_{ji})(v_j \times r_j) + (v_j r_{ji})(v_i \times r_j) = (v_j r_{ij})(v_i \times r_{ij})$$
$$+ (v_i r_{ij})(v_j \times r_{ij}),$$

was, weil in der Bilanz negativ erscheinend, sich gegen den obigen ersten Term weghebt. Damit ist gezeigt, daß ein abgeschlossenes System von wechselwirkenden Ladungen den üblichen 7 skalaren Erhaltungssätzen folgt.

6. Eichtransformationen

Die obigen Ergebnisse gelten so, wie sie abgeleitet wurden, nur in der Coulomb-Eichung – man kann auch sagen, nur für den quellenfreien Teil des Vektorpotentials. Man kann diesem jedoch einen wirbelfreien Teil, d.h. den Gradienten eines Skalars, hinzufügen (gegebenenfalls muß dann auch das skalare Potential entsprechend ergänzt werden), ohne daß sich die Kräfte auf die Ladungen, d.h. elektrisches und Magnetfeld, ändern. Im Prinzip kann man also dem Vektorpotential

an einem Ort und zu einer Zeit *jeden* beliebigen Wert zuordnen, ohne –
wie man sagt – an der Physik etwas zu ändern.

Ich fasse noch einmal zusammen: Das Vektorpotential *A* bzw. das
Produkt *eA* erscheint im zum Ort kanonisch konjugierten Impuls, mit
der Dimension eines Impulses. Also ist die Frage naheliegend, um was
für einen Impuls es sich handelt. Der eichinvariante quellenfreie Teil
des Vektorpotentials (bzw. *eA*) kann in der Tat mit einem für das
physikalische Problem wesentlichen Impuls identifiziert werden. Der
nichtinvariante wirbelfreie Teil, der sinnvollerweise ebenfalls die
Dimension eines Impulses (bzw. Impulses pro Einheitsladung) haben
sollte, ist dagegen nicht gedeutet (die Grüblsche (*l.c.*) willkürliche
Eichkonvention).

Es gibt aber eine Gruppe von Eichtransformationen, für die eine
physikalische Interpretation dieses nichtinvarianten Teils einfach
möglich ist – sozusagen euphysikalische Transformationen. Sie ver-
mitteln jeweils den Übergang zwischen zwei verschiedenen physikalischen Situationen, die nur *lokal* in den Feldern übereinstimmen. Hier
ist dann also auch die Physik *nicht* eichinvariant.

Zunächst ist darauf hinzuweisen, daß der eichinvariante quellenfreie
Teil von *A* über den gesamten Raum definiert sein sollte, um die
Raumintegrale ausführen zu können. Eine Eichtransformation muß
aber *nur* in dem Teil des Raumes wirbelfrei sein, in dem sich Ladungen
befinden, auf die die Felder einwirken könnten. Ich gebe dazu ein
bekanntes Beispiel:

Eine Ladung bewege sich geradlinig im feldfreien Raum, z.B.
parallel zur y-Achse ($x = \text{const} \neq 0$, $z = 0$). Das ist durch $A = 0$ beschreibbar. Das Skalarfeld für die Eichtransformation sei $f = \text{arc} \sin(x/r)$
mit $r^2 = x^2 + y^2$. Dessen Gradient (also *A*) besteht aus Kreisen um die z-
Achse mit $A_r = 0$, $A_z = 0$, $A_\varphi = \text{const}/r$. Dieses Vektorpotential entspricht
einem Magnetfeldbündel entlang der z-Achse, wie es durch eine
stromdurchflossene Spule entlang der z-Achse erzeugt wird. Es ist im
interessanten Bereich, nämlich dort, wo sich die Ladung bewegt,
wirbelfrei, also entsteht dort kein Kraftfeld. Es ist dort übrigens
außerdem auch quellenfrei, trägt also direkt, ohne die Notwendigkeit
einer Umeichung, zum Feldimpuls und zur magnetischen Feldenergie
bei – auch wenn die Reaktion der Spule auf das Coulomb-Feld der
vorbeifliegenden Ladung das Eindringen dieses Feldes in die Spule
verhindert.

Um es kurz zu sagen: Der Aharanov-Bohm-Effekt entbehrt durchaus
nicht klassischer Grundlagen. Aber – anschaulich gesprochen – geht
das klassische Elektron, wenn auch nicht sein Feld, links oder rechts
vorbei, während die Elektronenwelle durch die Spule hindurch läuft.

Die Eichtransformationen der Potentiale sind zurückführbar auf Umschreibungen der Bewegungsgleichungen von Partikeln. Ich gehe aus von der Bewegung eines Teilchens i, die durch Ort $r_i(t)$ und Geschwindigkeit $v_i(t)=dr_i/dt$ des Teilchens gekennzeichnet ist. Sie wird durch die Newtonsche Impulsgleichung bestimmt: Kraft $k =$ zeitliche Änderung des Impulses, für den ich, obwohl ursprünglich der kinetische Impuls mv gemeint war, gleich die allgemeinere, kanonische Schreibung p einsetze. Die Kraft leite sich aus einem (skalaren) Potential V ab:

$$k(r_i, t) = -\text{grad}_i V(r, t).$$

Der Gradient wird am Ort r_i des Teilchens benötigt, das Potential muß also zunächst auch nur an dieser Stelle und sogar nur mit der ersten Ableitung bekannt sein. Eine entsprechende Potentialdefinition ist – wegen der Zeitabhängigkeit – lokal *immer* möglich (wenn auch nicht immer praktikabel, z.B. im Fall einer magnetischen Kraft, wenn man unter p den kinetischen Impuls versteht). Für die Änderung des kanonischen Impulses im elektromagnetischen Fall gibt es jedoch das verallgemeinerte skalare Potential $V = eU - evA$. Lokal ist also die Gleichung nicht mehr als eine stets erfüllte Identität.

Um zu einer physikalischen Aussage zu gelangen, um also die Bewegung zeitlich und örtlich verfolgen zu können, muß das Potential nicht nur lokal, sondern – „quasilokal" – in einer örtlichen und zeitlichen Umgebung von r_i und t bekannt sein. Die Newtonsche Impulsgleichung lautet dann

$$\frac{dp}{dt} = -\text{grad} V.$$

Sie gilt nicht nur im mechanischen Fall, sondern unter Verallgemeinerung des Impulses und des Potentials ebenso im elektrodynamischen Fall. An dieser Gleichung ändert sich nichts, wenn man eine (mathematische) Identität $F = F$ addiert:

$$\frac{dp}{dt} + F = -\text{grad} V + F.$$

Sinnvollerweise muß F ein Vektor sein, die richtige Dimension haben und zur Zeit t am Ort r_i bekannt sein. Die Impulsgleichung behält ihre Eigenschaft, für eine physikalische Interpretation zumindest quasilokal definiert zu sein, nur, wenn dies auch für F gilt. Dann ist $F(r, t)$ ein zumindest quasilokal definiertes Vektorfeld. Falls es Wirbel enthält, können diese entfernt werden, denn die rechte Seite der

Impulsgleichung sollte wirbelfrei bleiben. Man kann also o.B.d.A. davon ausgehen, dass F wirbelfrei ist und sich als Gradient darstellen lässt. Dann lässt sich eine skalare Funktion $f(r,t)$ finden, für die

$$\nabla f = \int F dt$$

gilt. Damit ist o.B.d.A. eine beliebige Vektorfunktion F reduzierbar auf eine Skalarfunktion f. Wir sind zurück bei den Eichtransformationen. Aber auch das Umgekehrte gilt: Jede beliebige Umeichungsfunktion f lässt sich in eine additive Vektorfunktion F umformen.

Die erweiterte Impulsgleichung behält o.B.d.A. die Form einer Newtonschen Impulsgleichung, wenn sich F lokal sowohl als totale Zeitableitung als auch als Gradient darstellen lässt, sich also aus dem lokalen Gradienten einer im Übrigen beliebigen, quasilokal bekannten Skalarfunktion f ableitet:

$$F = \frac{d\nabla f}{dt} = \frac{\nabla df}{dt} = \frac{\partial \nabla f}{\partial t} + (v\nabla)\nabla f = \frac{\nabla \partial f}{\partial t} + \nabla(v\nabla f).$$

Man erhält nun mit $\pi = \nabla f$

$$\frac{d(p + \pi)}{dt} = -\text{grad}\left(V - \frac{\partial f}{\partial t} - v\pi\right),$$

eine Gleichung, die sofort als Eichtransformationsgleichung erkennbar ist. Damit kann also jede Eichtransformation der Potentiale als eine simple Addition zur Impulsgleichung verstanden werden.

Die Addition einer mathematischen Identität ist physikalisch nicht relevant. Hier ist entsprechend umgekehrt zu fragen, wie in der obigen Gleichung eine solche willkürliche Addition erkannt und rückgängig gemacht werden kann, um nichtrelevantes Beiwerk aus der Impulsgleichung zu entfernen.

Im mechanischen Fall ist dies einfach. Man kennt den Impuls mv. Das Vektorpotential sollte *per definitionem* Null sein. Jedes in der Impulsgleichung erscheinende wirbelfreie Vektorpotential π kann lokal oder global durch eine Rücktransformation entfernt werden. Es gibt also eine *eindeutige* Eichung $\pi = 0$. Als Eichunsicherheit bleibt nur eine in der Einleitung erwähnte zeitabhängige, aber ortsunabhängige Funktion $f(t)$.

Im elektrodynamischen Fall ist die Situation etwas komplizierter. Man weiß zwar, dass nur der wirbelhafte oder transversale Teil des Vektorpotentials physikalisch wirksam ist. Jedes global gegebene Vektorfeld lässt sich bis auf eine Konstante eindeutig in ein Wirbelfeld und eine Quellenfeld zerlegen. Das letztere lässt sich vollständig wegtransformieren (Coulomb-Eichung). Global ist daher die Unterscheidung zwischen physikalisch wirksamem und unwirksamem Vektorpotentialfeld *eindeutig* durchführbar. Darauf weist auch CT2 hin, wie oben erwähnt. Ob diese Eichung aus anderen Gründen, z.B. einer Lorentz-invarianten Formulierung, dennoch nicht sinnvoll erscheint, ist hier (noch) nicht relevant.

In einem beschränkten Gebiet ist eine Coulomb-Eichung jedoch nicht eindeutig möglich. Hier kann jedes Vektorfeld in drei (nicht eindeutige) Teile zerlegt werden: Ein Quellenfeld, ein Wirbelfeld, und ein quellen- und wirbelfreies „Zwischenfeld", dessen Zugehörigkeit zu der einen oder anderen Seite unbestimmbar ist.

Soweit ich sehe, liegt das Problem der Eichtransformationen genau an dieser Stelle. Ergänzt man das Zwischenfeld global durch ein Quellenfeld, so ist es physikalisch irrelevant und kann durch eine Eichtransformation entfernt oder modifiziert werden. Ergänzt man dasselbe Zwischenfeld global durch ein Wirbelfeld, d.h. durch Magnetfelder außerhalb des beschränkten Gebietes, so ist das Feld – zumindest teilweise – nicht durch Eichtransformation entfernbar und so physikalisch relevant. Die Relevanz oder Irrelevanz dieses Vektorpotentials in einem beschränkten Gebiet kann *nur* durch Kenntnis der physikalischen Bedingungen im äußeren Gebiet festgestellt werden. Der Befund kann als plausible Folge des klassischen Dualismus – Teilchen (lokalisiert) und Feld (ausgedehnt) – verstanden werden.

Dasselbe Problem taucht übrigens schon in der Mechanik und Elektrostatik mit der oben erwähnten ortsunabhängigen Funktion f (t) auf. Im Inneren einer Massenschale ist das Gravitationspotential konstant, im Inneren einer geladenen Kugel das skalare elektrostatische Potential; beides kann zeitabhängig sein. Welcher Teil dieses „hemiphysikalischen" Potentials euphysikalisch äußere Bedingungen widerspiegelt oder aphysikalisch einer irrelevanten Eichtransformation nach obigem Muster entspringt, ist lokal nicht feststellbar.

An dieser Stelle wird es vielleicht besonders klar, dass das Eichproblem keine Frage der Elektrodynamik allein oder des Vektorpotentials ist. Es ist vielmehr in Bezug auf die Darstellung in Potenzen von v/c ein Problem nullter Ordnung.

7. Ausblick

Der klassische elektrische Teilchen/Feld-Dualismus ist wenig diskutiert worden. Er kann aber zum Verständnis einfacher Interaktionen beitragen. Daß z.B. ein abgeschlossenes System von Ladungsträgern Erhaltungssätzen genügen muß, ist zweifellos unwidersprochen, und das immerhin seit Julius Robert von Mayer. Diese Erhaltungssätze lassen sich im Teilchenbild (z.B. Hamilton-Funktion) darstellen, wobei Potentiale eine Rolle spielen. Daß auch die Felder zu den Erhaltungsgrößen beitragen, ist wohl seit James Clerk Maxwell ebenso klar. Insofern muß es notwendigerweise eine Beziehung zwischen Feldern und Potentialen geben. Auch daß es einer Näherung ohne Strahlung bedarf, um ein System von Ladungsträgern überhaupt abschließen zu können, ist selbstverständlich.

Die Deutung der Potentiale führt zu einem besseren Verständnis und zu einer bisher offenbar noch nicht formulierten Lagrange- bzw. Hamiltonfunktion, einschließlich der darin steckenden Erhaltungssätze, die bisher fehlten.

Auf zwei Aussagen weise ich besonders hin, weil sie meiner Meinung nach bisher nicht die nötige Beachtung gefunden haben. Die erste ist, dass die Form der Newtonschen Impulsgleichung nicht von der Eichung abhängt. Die Gleichung enthält zwar – ich zitiere wieder Grübl (*l.c.*) – neben physikalischen Fakten auch willkürliche Eichkonvention, aber dieselbe auf beiden Seiten der Gleichung. Die zweite ist, dass jede Umeichung sich als Addition einer mathematischen Identität interpretieren lässt. Diese ist bei globaler Kenntnis der physikalischen Gegebenheiten eindeutig von der physikalischen Aussage trennbar.

Aus der Mechanik weiß man, das ein abgeschlossenes wechselwirkendes System von Teilchen genau 7 skalare Erhaltungskonstanten besitzt, nämlich Energie, Impuls und Drehimpuls. In vielen mechanischen Problemen ist die Impuls- und Drehimpulsbilanz mehr oder weniger simpel, so daß das physikalische Problem sich gewissermaßen auf die Energiebilanz reduziert. Als Beispiel nenne ich nur aus der statistischen Mechanik die (groß)kanonische Gesamtheit – die viel überzeugender wäre, wenn Impuls und Drehimpuls wenigstens erwähnt würden. Denn daß ein Minimum der Energie **H** stets mit verschwindendem *kinetischem* (Gesamt)-Impuls und -Drehimpuls einhergeht, gilt nur in der Mechanik.

Im elektrodynamischen Fall gibt es dieselben Erhaltungskonstanten. Ihre Interpretation ist aber ein wenig schwieriger. Eine ruhende Ladung kann Impuls und Drehimpuls haben. Eine bewegte Ladung wiederum kann einen verschwindenden Impuls oder Drehimpuls haben. Als ein interessantes Beispiel führe ich hier nur die Londonsche Gleichung der Supraleitung an. Die aus dem Bohr-Lorentz-Van Leeuwenschen Theorem gezogenen Schlüsse sind für die Mechanik brauchbar, nicht für die Elektrodynamik. Das hat übrigens – um auf die Vorbemerkung zu dieser Arbeit zurückzukommen – schon Schrödinger als interessante Möglichkeit angesehen.

Danksagung

G. GRÜBL, Innsbruck, trug mit wertvollen Hinweisen zur Formulierung bei. Mircea Pfleiderer hat durch zahlreiche Fragen in die Klarstellung nicht nur des Textes, sondern insbesondere auch meiner Gedanken wesentlich eingegriffen.

Literatur

CHANDRASEKHAR, S., FERMI, E. (1953) Astrophys. J. **118**: 116

CT1 = COHEN-TANNOUDJI, C., DIU, B., LALOE, F. (1977 und 1986) Quantenmechanik I, 4. Aufl. 2009, II, 3. Aufl. 2008, de Gruyter (als Beispiel eines modernen Lehrbuchs)

CT2 = COHEN-TANNOUDJI, C., DUPONT-ROC, J., GRYNBERG, G. (1997) Photons and Atoms: Introduction to Quantum Electrodynamics. Wiley Professional.

Grübl G. (2010) pers. Mitt.

LL63 = LANDAU, L. D., LIFSCHIZ, E. M. (1963) Lehrbuch der theoretischen Physik Band II, Feldtheorie, Akademie-Verlag, Berlin

v.LAUE, M. (1956) Die Relativitätstheorie II, Vieweg (Braunschweig), S. 186

MIE, G. (1912) Ann. Phys. **37**: 511

P66 = PFLEIDERER, J. (1966) Zur klassischen elektromagnetischen Wechselwirkung von Punktladungen unter Berücksichtigung von Gliedern bis zur zweiten Ordnung in v/c, Forsch. Ber. Astron. Inst. Bonn 66–13

ROHRLICH, F. (1964) Classical charged particles. Neuauflage 2007: World Scientific

Author's address: Prof. Dr. Jörg Pfleiderer, Institut für Astro- und Teilchenphysik, Leopold-Franzens-Universität Innsbruck, Technikerstraße 25, 6020 Innsbruck, Österreich. E-Mail: joerg.pfleiderer@uibk.ac.at